L'INSECTE

PAR

J. MICHELET

L'infini vivant.

SIXIÈME ÉDITION

PARIS

LIBRAIRIE DE L. HACHETTE ET Cie

BOULEVARD SAINT-GERMAIN, N° 77

1867

L'INSECTE

OUVRAGES DE M. MICHELET

QUI SE TROUVENT A LA MÊME LIBRAIRIE

HISTOIRE DE FRANCE jusqu'en 1794. 20 volumes in-8 brochés.

> Dix-sept volumes ont paru.
> Chacun des derniers volumes se vend séparément 5 fr. 50 c.

HISTOIRE DE LA RÉPUBLIQUE ROMAINE. 3ᵉ édition. 2 volumes in-8. Prix, brochés, 6 fr.

INTRODUCTION A L'HISTOIRE UNIVERSELLE. 1 volume in-8. Prix, broché, 1 fr. 25 c.

MÉMOIRES DE LUTHER, extraits de ses œuvres. 2 volumes in-8. Prix, brochés, 4 fr.

ORIGINES DU DROIT FRANÇAIS (Les), cherchées dans les symboles et les formules du droit universel. 1 volume in-8. Prix, broché, 3 fr. 75 c.

PRÉCIS DE L'HISTOIRE MODERNE. 1 volume in-8. Prix, broché, 4 fr. 50 c.

JEANNE D'ARC (1412-1432). 1 volume in-18 jésus. Prix, broché, 2 fr.

LOUIS XI ET CHARLES LE TÉMÉRAIRE (1461-1487). 1 volume in-16. Prix, broché, 1 fr.

L'OISEAU. 7ᵉ édition. 1 volume in-18 jésus. Prix, broché, 3 fr. 50 c.

L'AMOUR. 5ᵉ édition. 4 volume in-18 jésus. Prix, broché, 3 fr. 50 c.

Imprimerie générale de Ch. Lahure, rue de Fleurus, 9, à Paris.

INTRODUCTION

INTRODUCTION.

I

Nous avons suivi l'oiseau dans les libertés du
vol, de l'espace et de la lumière ; mais la terre que
nous quittions ne nous quittait pas. Les mélodies
du monde ailé ne nous empêchaient pas d'entendre
le murmure d'un monde infini de ténèbres et de
silence, qui n'a pas les langues de l'homme, mais
s'exprime énergiquement par une foule de langues
muettes.

Réclamation universelle qui nous arrive à la fois
de toute la nature, du fond de la terre et des eaux,

du sein de toutes les plantes, de l'air même que nous respirons.

Réclamation éloquente des arts ingénieux de l'insecte, de ses énergies d'amour si vivement manifestées par ses ailes et ses couleurs, par la scintillation brillante dont il illumine nos nuits.

Réclamation effrayante par le nombre des réclamants. Qu'est-ce que la petite tribu des oiseaux, ou celle des quadrupèdes, en comparaison de ceux-ci? Toutes les espèces animales, toutes les formes de la vie, placées en présence d'une seule, disparaissent et ne sont rien. Mettez le monde d'un côté, de l'autre le monde insecte; celui-ci a l'avantage.

Nos collections en contiennent environ cent mille espèces. Mais en songeant que chaque plante pour le moins en nourrit trois, on trouve, d'après le nombre des plantes connues, trois cent soixante mille espèces d'insectes. — Chacune, ne l'oubliez pas, prodigieusement féconde.

Maintenant rappelons-nous que tout être nourrit des êtres à sa surface, dans l'épaisseur de ses solides, dans ses fluides et dans son sang. Chaque insecte est un petit monde habité par des insectes. Et ceux-ci en contiennent d'autres.

Est-ce tout? Non; dans les masses que nous avions crues minérales et inorganiques, on nous montre

des animaux dont il faudrait mille millions pour arriver à la grosseur d'un pouce, lesquels n'en offrent
pas moins une ébauche de l'insecte, et qui auraient
droit de se dire des insectes commencés. — En quel
nombre sont-ils, ceux-ci? Une seule espèce de ses
débris fait une partie des Apennins, et de ses atomes a surexhaussé l'énorme dos de l'Amérique
qu'on appelle Cordillère.

Arrivés là, nous croyons que cette revue est finie.
Patience. Les mollusques, qui ont fait tant d'îles
dans la mer du Sud, qui pavent littéralement (les
derniers sondages le prouvent) les douze cents lieues
de mer qui nous séparent de l'Amérique, ces mollusques sont qualifiés par plusieurs naturalistes du
nom d'*insectes embryonnaires*, de sorte que leurs
tribus fécondes arrivent comme une dépendance
de ce peuple supérieur, on dirait, des candidats à la
dignité d'insecte.

Cela est grand. Ce qui pourtant me fait regretter
le petit monde de l'oiseau, de ce charmant compa-
gnon qui me porta sur ses ailes, ce ne sont pas ses
concerts, ce n'est même pas le spectacle de sa vie
légère et sublime. Mais c'est qu'il m'avait compris!...
Nous nous entendions, nous aimions, et nous

échangions nos langages. Je parlais pour lui, il chantait pour moi.

Tombé du ciel à l'entrée du sombre royaume, en présence du mystérieux et muet fils de la nuit, quel langage vais-je inventer, quels signes d'intelligence, et comment m'ingénier pour trouver moyen d'arriver à lui? Ma voix, mes gestes, n'agissent sur lui qu'en le faisant fuir. Point de regard dans ses yeux. Nul mouvement sur son masque muet. Sous sa cuirasse de guerre, il demeure impénétrable. Son cœur (car il en a un) bat-il à la manière du mien? Ses sens sont infiniment subtils, mais sont-ils semblables à mes sens! Il semble même qu'il en ait à part, d'inconnus, encore sans nom.

Il nous échappe; la nature lui crée, à l'égard de l'homme, un alibi continuel. Si elle le montre un moment dans un seul éclair d'amour, elle le cache des années au fond de la terre ténébreuse ou dans le sein discret des chênes. Trouvé, pris, ouvert, disséqué, vu au microscope et de part en part, il nous reste encore une énigme.

Une énigme peu rassurante, dont l'étrangeté est près de nous scandaliser, tant elle confond nos idées. Que dire d'un être qui respire de côté et par les flancs? d'un marcheur paradoxal, qui, à l'envers de tous les autres, présente le dos à la terre et le ventre au ciel? En plusieurs choses, l'insecte nous paraît un être à rebours.

Ajoutez que sa petitesse ajoute au malentendu. Tel organe nous semble bizarre, menaçant, parce que nos très-faibles yeux le voient trop confusément pour s'en expliquer la structure et l'utilité. Ce qu'on voit mal inquiète. Provisoirement on le tue. Il est si petit d'ailleurs, qu'avec lui, on n'est pas tenu d'être juste.

Les systèmes ne nous manquent pas. Nous admettrions volontiers cet arrêt définitif d'un rêveur allemand qui tranche leur procès d'un mot : « Le bon Dieu a fait le monde ; mais le Diable a fait l'insecte. »

Celui-ci pourtant ne se tient pas pour battu. Aux systèmes du philosophe et à la peur de l'enfant (qui peut-être sont la même chose), voici à peu près sa réponse :

Il dit premièrement que la justice est universelle, que la taille ne fait rien au droit ; que, si l'on pouvait supposer que le droit n'est point égal, et que l'Amour universel peut incliner la balance, ce serait pour les petits.

Il dit qu'il serait absurde de juger sur la figure, de condamner des organes dont on ne sait pas l'usage, qui la plupart sont des outils de professions spéciales, les instruments de cent métiers; qu'il est, lui, l'Insecte, le grand destructeur et fabricateur, l'industriel par excellence, l'actif ouvrier de la vie.

Il dit enfin (la prétention semblera peut-être orgueilleuse) qu'à juger par les signes visibles, les œuvres et les résultats, c'est lui, entre tous les êtres, qui aime le plus. L'amour lui donne des ailes, de merveilleux iris de couleurs et jusqu'à des flammes visibles. L'amour, c'est pour lui la mort instantanée ou prochaine, avec une *seconde vue* étonnante de maternité pour continuer sur l'orphelin une protection ingénieuse. Enfin, ce génie maternel va si loin que, dépassant, éclipsant les rares associations d'oiseaux et de quadrupèdes, il a fait créer à l'insecte des républiques et des cités!

Voilà un plaidoyer grave qui me fait impression.

Si tu travailles et si tu aimes, insecte, quel que soit ton aspect, je ne puis m'éloigner de toi. Nous sommes bien quelque peu parents. Et que suis-je donc moi-même, si ce n'est un travailleur? Qu'ai-je eu de meilleur en ce monde?

Cette communauté d'action et de destinée, elle m'ouvrira le cœur, et me donnera un sens nouveau pour écouter ton silence. L'Amour, la force divine qui circule en toutes choses et fait leur âme commune, est pour elles un interprète par lequel elles dialoguent et s'entendent sans se parler.

II

Dans les fort longues lectures de naturalistes et de voyageurs qui nous préparèrent l'*Oiseau*, et pour lesquelles il ne fallait pas moins que la patience d'une femme solitaire, nous recueillions sur la route nombre de faits, de détails, qui nous faisaient voir l'insecte sous l'aspect le plus varié. L'insecte, à côté de l'oiseau, nous apparaissait sans cesse, ici comme une harmonie, là comme un antagonisme, mais trop souvent de profil et comme être subordonné.

J'étais en plein xvie siècle, et, pendant trois ans environ de forte préoccupation historique, tout ceci ne m'arrivait que par les extraits, les lectures, les conversations de chaque soir. Je recevais les éléments divers de cette grande étude par l'intermédiaire d'une âme éminemment tendre aux choses de la nature et généreusement portée à l'amour des plus [petits. Cet amour patient et fidèle, étendant indéfiniment la curiosité, ramassait, si je puis dire, par un procédé de fourmi, comme autant de grains de sable, les matériaux qui se trouvent bien moins dans les grands ouvrages que dans une infinité de mémoires, de dissertations dispersées.

Aimer longtemps, infatigablement, toujours, c'est ce qui rend les faibles forts. Il ne faut pas moins que cette persévérance de goût et d'affection, dès qu'on veut sortir des lectures et entrer dans l'observation, dans les délicates et longues études de la vie. Je ne m'étonne pas si Mlle Jurine a si heureusement contribué aux surprenantes découvertes de son père sur les abeilles, ni si Mme Mérian, pour fruit de ses lointains voyages, nous a laissé le savant et si beau livre de peintures des insectes de la Guyane. Les yeux et les mains des femmes, fines et faites aux petits objets, au travail à petits points, sont éminemment propres à ces choses. Elles ont plus de respect aussi, d'attention, de condescendance, pour les minimes existences. Si poétiques, elles sont moins poëtes, et imposent moins au réel la tyrannie de leur pensée. Elles lui sont moins dociles, ne le dominent pas, le subissent, et n'ont pas pour ces petits le regard rapide, souvent dédaigneux, de la vie supérieure. Aussi, quand, avec tout cela, elles sont patientes, elles pourraient devenir d'excellents observateurs et de petits Réaumur.

Les études microscopiques spécialement veulent des qualités féminines. Il faut se faire un peu femme pour y réussir. Le microscope, amusant au premier coup d'œil, demande, si on veut en faire un usage sérieux, de la dextérité, une adresse patiente, surtout du temps, beaucoup de temps, une complète liberté d'heure, pouvoir répéter indéfiniment les mêmes observations, voir le même objet à différents jours, dans la pure lumière du matin, au chaud rayon du midi, et parfois même plus tard. Tels objets qu'il faut voir d'ensemble se regardent mieux à la simple loupe ; tels seulement par transparence, en les éclairant en dessous du miroir du microscope. Il en est qui, médiocres ou insignifiants le jour, deviennent merveilleux le soir, quand le foyer de l'instrument concentre la lumière. Enfin, pour résumer tout, ces études demandent ce qu'on a le moins aujourd'hui, qu'on soit hors du monde, hors du temps, soutenu par une

curiosité innocente, un pieux, infatigable amour
de ces imperceptibles vies. Elles sont une sorte de
maternité virginale et solitaire.

L'absorption où me tenait ce terrible xvi⁰ siècle
ne me lâcha qu'au printemps de 1856. *L'Oiseau*
aussi avait paru. J'essayai de respirer un moment,
et je m'établis à Montreux, près Clarens, sur le lac
de Genève. Mais ce lieu entre tous délicieux, en
me ramenant à un vif sentiment de la nature, ne
m'en rendait pas la sérénité. J'étais trop ému encore de cette sanglante histoire. Une flamme était
en moi que rien ne pouvait éteindre. Je m'en allais,
le long des routes, avec mon verre de sapin, goû-
tant l'eau à chaque fontaine (toutes si fraîches,
toutes si pures), leur demandant si quelqu'une
aurait la vertu d'effacer tant de choses amères du
passé et du présent, et laquelle de tant de sources
serait pour moi l'eau du Léthé.

A Lucerne enfin, je trouvai, à une bonne demi-
lieue de la ville, je ne sais quel ancien couvent devenu auberge, et je pris pour mon cabinet le par-
loir, pièce très-vaste qui, par sept fenêtres ouvertes
sur les monts, le lac et la ville, dans une triple
exposition, me donnait un jour magnifique à toutes
les heures. Du matin au soir, le soleil me restait
fidèle et tournait autour de mon microscope, mis

au milieu de la chambre. Le beau lac que j'avais en face et de tous les côtés n'est pas encore là celui qui, serré, âpre et violent, s'appellera le lac d'Uri. Mais les sapins qui partout dominent le paysage avertissent de ne pas trop se fier à la saison, vous disent que vous êtes dans un froid pays. Une certaine rudesse barbare se mêle aussi à bien des choses. C'est justement du midi que vient le souffle d'hiver. Devant moi, pour me tenir une constante compagnie, se dressait sur l'autre rive le sombre Pilate, montagne sèche à vives arêtes taillées au rasoir, et, par-dessus sa noire épaule, la blanche *Vierge* et *Pic d'argent* (Jungfrau et Silbérborn) me regardaient de dix lieues.

Cela est très-beau, très-frais en juillet, souvent déjà froid en septembre. Vous sentez sur vous, derrière vous, à une énorme hauteur, une mer d'eau suspendue. C'est le réservoir principal d'où sortent les grands fleuves de l'Europe, la masse du Saint-Gothard, plateau de dix lieues en tous sens, qui par un bout verse le Rhône, par l'autre le Rhin, par un troisième la Reuss, et vers le midi le Tessin. On ne voit pas ce réservoir, sinon un peu de profil, mais on le sent. Voulez-vous des eaux? venez là. Buvez, c'est la plus grande coupe qui abreuve le genre humain.

Je commençai d'avoir moins soif. En plein été, les nuits étaient froides, fraîches les matinées, les soirées. Ces neiges immaculées que je regardais avidement et d'un œil insatiable, me purifiaient, ce semble, de la longue route poudreuse, hâlée, sanglante et sublime, mais bourbeuse aussi parfois, des révolutions de l'histoire. Je repris un peu d'équilibre entre le drame du monde et l'épopée éternelle.

Quoi de plus divin que ces Alpes? Quelque part je les appelais « l'autel commun de l'Europe. » Pourquoi? Non pour leur hauteur. Un peu plus haut, un peu plus bas, on n'en est pas plus près du ciel. Mais c'est que la grande harmonie, ailleurs vague, est palpable ici. La solidarité de la vie, la circulation de la nature, la bienveillante mutualité de ses éléments, tout est visible. Il se fait une grande lumière.

Chaque chaîne filtre de son glacier, pour révélation de la zone inacessible, un torrent qui, recueilli, calmé, épuré dans un vaste lac, traduit en eau pure, en eau bleue, sort grand fleuve et va, magnifique, porter partout l'âme des Alpes. De ces innombrables eaux remonteront aux montagnes les brumes qui renouvellent le trésor de leurs glaciers.

Tout est si bien harmonisé et les perspectives sont telles, que les lacs et leurs fleuves réfléchissent ou regardent encore en s'éloignant la grave assemblée des montagnes, des hautes neiges, des vierges sublimes dont ils sont une émanation.

Ils se regardent, s'expliquent, s'accordent, s'aiment. Mais dans quelle austérité ! Ils s'aiment comme identité des contrastes les plus forts. Fixité et fluidité. Rapidité, éternité. Les neiges par-dessus la verdure. L'hiver pressenti dès l'été.

De là une nature prudente, une sagesse générale dans les choses même. On jouit sans perdre de vue qu'on ne jouira pas longtemps. Mais le cœur n'en est pas moins touché d'un monde si sérieux et si pur. Cette brièveté attache et cette austérité captive. Des neiges aux lacs, des bois aux fleuves, aux vertes et fraîches prairies, une virginité souveraine domine toute la contrée.

Ce sont des lieux pour tous les âges. L'âge avancé s'y affermit, s'y associe à la Nature, et salue sans s'attrister les grandes ombres qui tombent des monts. Et les âmes neuves encore, qui n'y sentent que l'aurore et l'aube, s'y ouvrent à des joies charmantes de tendresse religieuse : tendresse pour l'Ame du monde, tendre pour ses moindres enfants.

Le lieu favori de nos promenades et notre cabinet d'études était un petit bois de sapins assez élevé au-dessus du lac, derrière le rocher de Seeburgh. On y montait par deux routes doublement lumineuses de la réflexion immense du miroir splendide où se mirent les quatre cantons. Nul paysage plus aimable, en le regardant vers Lucerne; nul plus sérieux, plus solennel, du côté où la vue s'enfonce vers le Saint-Gothard et l'amphithéâtre des monts. Mais cet éclat, ces grandeurs, finissaient tout à coup au premier pas sous nos sapins. On se fût cru au bout du monde. La lumière baissait, les bruits semblaient diminués; la vie même paraissait absente.

C'est l'effet ordinaire de ces bois au premier regard. Au second, tout change. L'étouffement ou du moins la subordination qu'impose le sapin aux autres végétaux qui voudraient grandir sous son ombre, éclaircit l'intérieur; et, quand les yeux se sont habitués à cette sorte de crépuscule, on voit bien mieux au loin, on observe bien mieux que dans le pêle-mêle inextricable des forêts ordinaires, où tout vous fait obstacle.

Ce que celle-ci nous présentait d'abord sous ses nobles et funèbres colonnes, qu'on aurait dites d'un temple, c'était un spectacle de mort, mais d'une mort nullement attristante, d'une mort parée, ornée et riche, comme la nature l'accorde souvent aux végétaux. A chaque pas, de vieux troncs d'arbres coupés, non déracinés, apparaissaient vêtus d'un incomparable velours vert, étoffe superbement feutrée de fines mousses moelleuses au tact, qui charmaient l'œil par leurs aspects changeants, leurs reflets, leurs lueurs.

Mais la vie animale, où était-elle? Notre oreille s'habitua à la reconnaître, à la deviner. Je ne parle pas du sifflet des mésanges, du rire étrange du pic, seigneur visible de l'endroit. Je pense à un autre peuple, auquel les oiseaux font la guerre. Un grand bourdonnement, assez fort pour couvrir le murmure d'un ruisseau, nous avertit que les guêpes hantaient la forêt. Déjà nous avions vu leur fort, d'où plus d'une nous fit la conduite, suspectant nos démarches et paraissant peu bienveillante.

Aux endroits même moins fréquentés des guêpes, de légers bruissements, sourds, intérieurs, semblaient sortir des arbres. Étaient-ce leurs génies, leurs dryades? Non, au contraire ; leurs ennemis mystérieux, le grand peuple des ténèbres, qui, suivant les veines du tronc et dans toute sa longueur, se fait, par la morsure, des voies et des canaux, d'innombrables galeries. Les scolytes (c'est leur nom) sont quelquefois dans un seul arbre près de cent mille. Le sapin malade, arrive sous leurs dents, à la longue, à l'état d'une fine guipure. Cependant l'écorce est intacte, et il offre le fantôme de la vie.

Comment se défend l'arbre? Quelquefois par sa séve, qui, forte encore, asphyxie l'ennemi. Plus souvent du dehors il lui vient un ami, un médecin, le pic, qui soigneusement l'ausculte, tâte et frappe de son fort marteau, et, d'un zèle persévérant, veille, poursuit la colonie rongeuse.

Ce combat intérieur des deux vies, végétale, animale, s'entendait-il réellement? On n'en était pas sûr. On croyait parfois se tromper.

Dans ce silence qui n'était pas silence, je ne sais qui nous disait pourtant que la morte forêt était vivante et comme prête à parler. Nous entrions pleins d'espérance, sûrs de trouver. A notre âme curieuse, nous sentions bien qu'une grande âme multiple allait répondre. Quoique assez fatigué et de la marche et d'une santé alors très-chancelante, je me plaisais dans cette recherche, et sous ces pâles ombres. J'aimais à y voir devant moi une personne émue, toute éprise de ces grands mystères. Elle allait, la baguette en main, dans ce crépuscule fantastique, interrogeant la forêt sombre et comme cherchant le rameau d'or.

J'eusse peut-être quitté la partie, et je m'étais assis dans une clairière, lorsqu'enfin un sondage plus heureux, dans un vieux tronc semblable aux autres, fit éclater un monde que rien n'aurait fait soupçonner.

Au sommet de ce tronc, coupé à un pied de terre, on distinguait fort bien les travaux que les scolytes ou vers rongeurs, précédents habitants de l'arbre, avaient faits en se conformant au dessin concentrique de l'aubier. Mais tout cela était de l'histoire ancienne; il s'agissait de bien autre chose. Ces misérables scolytes avaient péri, subi, comme leur arbre même, l'énergie d'une grande transformation chimique qui excluait toute vie.

Hors une, la plus âcre, vie brûlante et brûlée, ce semble, celle de ces êtres puissants sous forme infiniment petite, où l'on eût cru sans peine qu'une flamme noire, brillant par éclairs, avait tout consumé et seulement réservé l'esprit.

Le coup de théâtre fut violent, et cet immense fourmillement eut son effet. Une joie vive, inusitée, agita la main tout émue qui avait fait l'heureuse découverte, et, à mesure que la grandeur s'en révélait, un vertige, j'allais dire sauvage, passa de ce peuple éperdu à l'auteur de la grande ruine. Les murs de la cité volèrent, puis l'intérieur de l'édifice, des galeries, des salles innombrables, se découvrirent; généralement, quatre pouces, cinq pouces de longueur, sur un demi-pouce de haut. Hauteur certes bien suffisante, et je dirais majestueuse, si l'on peut avoir égard à la taille des citoyens de ce palais.

Vrai palais, ou plutôt vaste et superbe ville. Limitée en largeur. Mais à quelle profondeur plongeait-elle dans la terre? On dit qu'on en a rencontré qui creusées avec persévérance, donnaient jusqu'à sept cents étages. Thèbes et Ninive furent peu de chose. Babylone et Babel peuvent seuls, dans leurs exhaussements audacieux, soutenir quelque comparaison avec ces Babels ténébreuses qui vont grandissant dans l'abîme.

Mais ce qui étonne bien plus que la grandeur, c'est l'aspect intérieur des habitations. Au dehors tout humide, couvert de mousse, de petits cryptogames toujours trempés, moisis. Au dedans, une étonnante sécheresse, une propreté admirable; toutes les parois moelleusement fermes, exactement comme si elles eussent été tapissées d'un velours de coton, fort mat et sans éclat. Ce velours d'un noir doux résultait-il du bois lui-même puissamment modifié, ou d'un lit extrêmement fin des champignons microscopiques qui purent s'être établis dans l'arbre, quand tout humide

encore il n'avait pas reçu ses tout-puissants trans-
formateurs? L'agent de la métamorphose se révélait
lui-même; chaque appartement pris à part, senti de
près, saisissait l'odorat de l'âcre senteur de l'acide
formique. Ce peuple avait tiré de lui cette grande métamorphose de sa demeure, l'avait brûlée et purgée
par sa flamme, séchée et assainie par cet utile poison.

C'est cet acide aussi qui avait sans doute accéléré,
aidé l'énorme et gigantesque travail, ouvert la voie
aux petites morsures de ces sculpteurs infatigables
qui pour ciseaux n'ont que leurs dents. Cependant,
même avec cela, nul doute qu'il n'y fallût un temps
considérable. Des générations successives très-probablement y avaient passé, travaillant toujours sur
le même plan et dans le même sens. L'image de la
cité projetée, désirée, l'espoir de se créer une sûre
forteresse, une noble et solide acropole, avait soutenu de longues années ces fermes citoyens Eh! que
serait la vie, si l'on ne travaillait que pour soi? Regardons l'avenir. Les premiers, à coup sûr, qui ver-
sèrent leur vie dans cet arbre, et de leur noir petit
squelette tirèrent, en s'épuisant, les sucs qui l'ont
creusé, jouirent peu d'une habitation si triste et si
trempée encore des malsaines humidités et des longues pluies; mais ils pensèrent aux citoyens futurs
et rêvèrent la postérité.

Hélas! tout ce rêve d'espoir, j'ai bien peur qu'il
ne soit fini. Ce n'est pas que cette baguette d'enfant, cette jeune et féminine main, ait bien profondément atteint une telle œuvre, engagée si loin dans
la terre. Mais les défenses extérieures qui recou-
vraient, fermaient le tout, en écartaient les pluies,
elles ont été enlevées, dispersées. Et voilà les grandes
eaux de l'automne qui vont venir du Rhigi, du
Pilate, du Saint-Gothard, le père des fleuves, qui,
flottant sur les forêts en noirs brouillards, ou tombant en torrents, mouilleront éternellement les ap-
partements inférieurs. Et quelle vie brûlante, quelle
flamme faudra-t-il opposer à ces invasions répétées
des eaux, pour rétablir ces lieux et pour les assainir
encore?

Je m'étais mis en face, assis sur un sapin, je regardais et je rêvais. Habitué aux chutes des républiques et des empires, cette chute cependant me
jetait dans un océan de pensées. Un flot, et puis un
flot, montait et battait dans mon cœur. Le vers
d'Homère me revint à la bouche :

Et Troie aussi verra sa fatale journée!

Que puis-je pour ce monde détruit, pour la cité
quasi ruinée ? Que puis-je pour ce grand peuple insecte, laborieux, méritant, que toutes les tribus ani-

mées poursuivent, ou dévorent, ou méprisent, et qui pourtant nous montre à tous les plus fortes images de l'amour désintéressé, du dévouement public, et le sens social en sa plus brûlante énergie ?... Une chose. Le comprendre, l'expliquer, si je puis, y porter la lumière, l'interprétation bienveillante.

Nous revînmes rêveurs, et nous entendant sans parler. Ce qui jusqu'à ce jour fut un amusement, une curiosité, une étude, dès lors ce fut un livre.

III

Je ne m'étonne pas si notre grand initiateur au monde des insectes, Swammerdam, au moment où le microscope lui permit de l'entrevoir, recula épouvanté.

Leur nom, c'est l'infini vivant.

Depuis deux cents ans on travaille en simplifiant d'un côté et en compliquant de l'autre. Les admirables ouvrages qu'on a faits sur ce sujet laissent, parmi une multitude de lueurs partielles, un certain éblouissement. C'est l'impression que nous donnait cette étude de quelques années.

Devais-je me flatter de simplifier plus que ne l'ont fait mes maîtres? Nullement. Je savais seulement, par la rencontre de Lucerne, par d'autres plus tard, que notre ignorance émue et sympathique entrerait plus loin peut-être dans le sens de ces petites vies que ne l'ont fait souvent les savants classificateurs.

Ceci me poursuivit l'hiver, mais je ne pouvais vérifier à Paris aucune expérience; c'est à Fontainebleau seulement que j'arrivai à la formule, simple du moins, qu'on va lire, et que j'obtins sur ce sujet quelque apaisement d'esprit.

Le lieu me favorisait fort, le moment, l'état de mon âme. Tout ce que le temps présent a de circonstances fâcheuses, en me refoulant sur moi, augmentait ma concentration. Nous nous constituâmes une parfaite solitude. Notre chambre fut pour nous toute la ville. Au dehors, seulement, un cercle de bois, parcouru à pied; donc assez petit.

Ce cercle m'étreignait un peu, dans les grandes chaleurs où le soleil miroite sur le grès. Mais, dans cette chaleur sèche, la pensée ne mollit point. Je ne puis suivre et creuser la mienne, avec suite et persévérance, ayant, chose rare dans la vie, une grande unité harmonique d'idées et de sentiments, que je ne voulais nullement varier, mais approfondir.

Je sortais seul à midi, et je marchais quelque peu dans la forêt morne et muette, sablonneuse, sans souffle et sans voix. J'y emportais mon sujet, et croyais l'y trouver dans cet infini de sable que couvre un infini de feuilles. Mais combien plus vaste encore celui de la vie animée, l'abîme des imperceptibles où j'aurais voulu descendre !·

Tout ce que dit Sénancour de Fontainebleau est vrai pour l'homme de vague rêverie qui n'apporte pas là une pensée dominante. Oui, le paysage « est petit généralement, morne, bas, solitaire, sans être sauvage. » Les animaux y sont rares : on sait, à un près, le nombre des daims. Les oiseaux n'y sont pas nombreux. Peu ou point de sources visibles. Cette absence apparente d'eau contriste surtout celui qui vient des Alpes, qui a encore la fraîcheur de leurs innombrables fontaines, et dans les yeux la lumière de leurs lacs, ces charmants et grandioses miroirs.

Là, tout est clair, lumineux, par les eaux et les neiges. Ici, tout est obscur. Ce petit coin, fort à part dans la France, est une énigme. Il vous montre ces grès morts sans trace de vie ; il vous montre, aujourd'hui surtout, ces pins qu'on vient de planter, et qui ne souffrent pas que rien vive sous leur ombre. Pour trouver ce que tout cela cache en dessous, il faut avoir l'instrument qui fait découvrir les sources, la baguette de coudrier. Tournez-la, et vous trouverez. Et quelle est cette baguette ? Une étude ou un amour, une passion qui illumine ce monde intérieur.

La puissance de ce lieu n'est nullement dans ce qu'il a d'historique, ni dans ce qu'il contient d'art[1].

Le château y distrait de la forêt par sa variété extrême de souvenirs et d'époques. Il n'en augmente pas l'impression, au contraire. La vraie fée, c'est la nature ; c'est cette étrange contrée, sombre, fantastique et stérile.

Notez que partout où la forêt prend de la grandeur, soit par l'étendue de la vue, soit par la hauteur des arbres, elle ressemble à toute forêt. Les

---

1. Il possède pourtant trois choses : une magnifique, la salle d'Henri II ; une merveilleuse, la petite galerie de François Ier; et une sublime, les quatre colosses, reste incomparable d'un art perdu, la sculpture en grès.

hêtres très-magnifiques, élancés, du Bas-Bréau, me semblent, malgré leur belle taille, leur écorce lisse, une chose qu'on voit ailleurs. Ce lieu n'est original que là où il est bas, sombre, rocheux, où il montre le combat du grès, de l'arbre tordu, la persévérance de l'orme ou l'effort vertueux du chêne.

Bien des gens sont restés ici pris, englués. Ils sont venus pour un mois, et sont restés jusqu'à la mort. Ils ont dit à ce lieu fée le mot de l'amant à l'amante : « Que je vive, que je meure en toi ! » *Tecum vivere amem, tecum obeam libens !*

Le curieux, c'est que chacun y reconnaît ce qu'il aime. Saint Louis ne trouva qu'ici la Thébaïde qu'il rêvait. Henri IV, qui n'y voit que plaisir, dit : « Mes délicieux déserts. » Le pauvre exilé mystique, Kosciusko, y sent l'attrait des forêts de Lithuanie et y prend racine. Un homme de grès, de caillou, le Breton Maud'huys, retrouve ici sa Bretagne, et fait à coups de pavés le livre le plus original qu'il y ait sur Fontainebleau.

Ce lieu est fort; on n'y est pas impunément. Quelques-uns y perdent l'esprit; tels y furent métamorphosés et se virent pousser les oreilles qui vinrent à Bottom, dans la forêt de Windsor. Celle-ci est une personne ; elle a ses amants et ses détracteurs. On la maudit, on la bénit. Un fou rêveur lui écrivait, sur un rocher près de Nemours : « Je te posséderai, marâtre ! » Et le vieux soldat Denecourt, son amoureux, qui lui donna tout ce qu'il avait au monde, l'appelle : « Mon adorée[1] ! »

Quelqu'un me disait : « N'est-ce pas la Viola de Shakspeare, au douteux aspect, mais toujours charmant, ici demoiselle, et là cavalier ? sa Rosalinde, jeune page, qui devient une fille rieuse ? » — Non, les contrastes sont plus grands.

La fée d'ici a je ne sais combien de visages. Elle a des froides plantes des Alpes, et elle peut, sous tel abri, cacher la plus frileuse flore. L'hiver, le printemps, austère, elle vous effraye d'âpres rochers qu'elle pare ou cache à l'automne d'un manteau empourpré de feuilles. Elle a à sa disposition, pour changer dans un même jour, le fin tissu de gaze errante que Lantara ne manque guère de lui donner dans ses tableaux. De son cercle de forêts, elle arrête de tous côtés les brumes légères à la pointe des arbres, s'amuse à s'en faire des voiles, des écharpes et des ceintures, je ne sais quel déguisement. Ses grès en leurs lourdes masses, vous les

---

1. On ne peut reconnaître assez ce qu'a fait M. Denecourt ; il a rendu ce lieu admirable accessible à tous, aux plus pauvres, qui n'ont plus besoin de guides.

croiriez invariables, et ils changent d'aspects, de couleurs, j'allais dire de forme, à toute heure. La petite chaîne, par exemple, qu'on appelle le Rocher d'Avon, nous avait salués le matin, dans la senteur des bruyères, de la plus gaie lumière de l'aube, d'une ravissante aurore qui rosait le grès ; tout semblait sourire et s'harmoniser aux études innocentes d'une âme poétique et pieuse. Le soir, nous y retournons, mais la fée fantasque a changé. Ces pins qui nous accueillirent sous leur ombrelle légère, devenus tout à coup sauvages, ils roulent des bruits étranges, des lamentations de mauvais augure. Ces arbustes qui le matin invitaient gra-cieusement la robe blanche à s'arrêter, à cueillir des baies ou des fleurs, ils ont l'air de recéler main-tenant dans leurs fourrés je ne sais quoi de sinistre, des voleurs ? ou des sorcières ? Mais le changement le plus fort est celui des rochers qui nous reçurent et nous firent asseoir. Est-ce le soir ? est-ce l'orage imminent qui les a changés ? Je l'ignore ; mais les voilà devenus de sombres sphinx, des éléphants couchés à terre, des mammouths et autres monstres des mondes anciens qui ne sont plus.... Ils sont assis, il est vrai ; mais s'ils allaient se lever ?... Quoi qu'il en soit, l'heure avance, marchons.... L'on se presse à mon bras.

Cette forêt mérite-t-elle donc le nom de la comédie : *Comme il vous plaît,* « as you like it ? »

Non ; pour être juste avec elle, il faut dire que cet amusement des métamorphoses, tous ces changements à vue, sont choses extérieures. Mobiles en ses feuilles et ses brumes, fuyant en ses sables mouvants, elle a une assise profonde qu'aucune forêt n'a peut-être, une puissance de fixité qui se communique à l'âme, qui l'invite à s'affermir, à creuser et chercher en soi ce qu'elle contient d'immuable. Ne vous arrêtez pas trop à ces accidents fantastiques. Le dehors dit : *Comme il vous plaît.* Le dedans : *Toujours et toujours.*

C'est la véritable beauté, au cœur profond, fidèle et tendre, qui n'en varie pas moins sa grâce, et peut faire dire chaque jour le mot de Charles d'Orléans :

> Qui d'elle pourrait se lasser ?
> Toujours sa beauté renouvelle.

Ces idées me vinrent un jour qu'assis sur le mont Ussy, je regardais Fontainebleau. Je compris qu'en cet espace étroit, médiocre, en ce désordre apparent de grès, d'arbres, de rochers, il y avait une forme assez régulière qui devait cacher en elle un mystère que rien n'annonce au premier regard.

Au total, c'est presque un cercle de forêts et de collines, tout cela sec à la surface ; mais ce grès est trés-perméable, mais ce sable est très-infiltrable. Et des eaux inaperçues descendent de tous côtés à un grand résérvoir qui en occupe le fond.

Les orages sont fréquents ici, mais ils y éclatent peu. Presque toujours on les attend, et la forêt les retient, les arrête, garde pour elle ces richesses d'eaux suspendues, et ne les transmet au fond qu'en les tamisant par les feuilles, les bois, les sables inférieurs. Tout cela arrive en bas, sans qu'on s'en soit aperçu.

Creusez. Et vous trouverez.

Là est l'exquis, le vital du Génie du lieu.

Le mot *Génie* est trop fixe. Le mot *Fée* est trop mobile. Qui exprimera ce mystère du profond bassin caché ? cette tromperie naïve et charmante qui ne promet que sécheresse et qui dessous fidèlement réserve le trésor de ses eaux ?

Un grand artiste italien l'exprime dans les peintures de la salle d'Henri II. C'est la *Nemorosa*, les mains pleines de fleurs sauvages, cachée sous un âpre rocher, mais attendrie et rêveuse, et les yeux trempés de pleurs.

Nous sentîmes bien des fois ceci, dans la suite de ce grand travail, et surtout les jours où la pluie tombait fine et douce. Il se faisait, autour de nous, comme un recueillement de la nature. Dans ce silence profond, nous n'entendions que nos cœurs, le balancier de l'horloge, parfois un cri d'hirondelle qui passait par-dessus nous.

Calmés, mais non assoupis, d'une lucidité plus grande et d'un œil plus net, nous pénétrions d'un degré de plus dans le monde ténébreux de l'atome, pour en tirer ce qui est, la lumière, surtout l'amour, vraie légitimité de ce monde muet, sa langue et sa voix éloquente pour parler au monde supérieur.

IV

Même aux heures de ses grands silences, la forêt a par moments des voix, des bruits ou des murmures qui vous rappellent la vie. Parfois, le pic laborieux, dans son dur travail de creuser les chênes, s'encourage d'un étrange cri. Souvent, le pesant marteau du carrier, tombant, retombant sur le grès, fait de loin entendre un coup sourd. Enfin, si vous prêtez l'oreille, vous parvenez à saisir un bruissement significatif, et vous voyez, à vos pieds, courir dans les feuilles froissées, des populations infinies, les vrais habitants de ce lieu, les légions de fourmis.

Autant d'images du travail persévérant qui mêlent au fantastique une sérieuse gravité. Ils creusent, chacun à leur manière. Toi aussi, suis ton travail, creuse et fouille ta pensée.

Lieu admirable pour guérir de la grande maladie du jour, la mobilité, la vaine agitation. Ce temps ne connaît point son mal; ils se disent rassasiés, lorsqu'ils ont effleuré à peine. Ils partent de l'idée très-fausse qu'en toute chose le meilleur est la surface et le dessus, qu'il suffit d'y porter les lèvres. Le dessus est souvent l'écume. C'est plus bas, c'est au dedans qu'est le breuvage de vie. Il faut pénétrer plus avant, se mêler davantage aux choses par la volonté et par l'habitude, pour y trouver l'harmonie, où est le bonheur et la force. Le malheur, la misère morale, c'est la dispersion d'esprit.

J'aime les lieux qui concentrent, qui resserrent le champ de la pensée. Ici, dans ce cercle étroit de collines, les changements sont tout extérieurs et de pure optique. Avec tant d'abris, les vents sont naturellement peu variables. La fixité de l'atmosphère donne une assiette morale. Je ne sais si l'idée s'y réveille fort ; mais qui l'apporte éveillée, pourra la garder longtemps, y caresser sans distraction son rêve, en saisir, en goûter tous les accidents du dehors et tous les mystères du dedans. L'âme y poussera des racines et trouvera que le vrai sens, le sens exquis de la vie, n'est pas de courir les surfaces, mais d'étudier, de chercher, de jouir en profondeur.

Ce lieu avertit la pensée. Des grès fixes et immuables sous la mobilité des feuilles parlent assez dans leur silence. Ils sont posés là, depuis quand ? Depuis longtemps, puisque, malgré leur dureté, la pluie a pu les creuser ! Nulle autre force n'y a prise. Tels ils furent, et tels ils sont. Leur vue dit au cœur: « Persévère. »

Ils semblaient devoir exclure la vie végétale. Mais les chênes héroïques ne se sont pas rebutés. Condamnés à vivre là, ils en sont venus à bout. Avec leurs racines tordues, avec les griffes puissantes dont ils ont saisi le rocher, eux aussi, à leur façon, disent éloquemment: « Persévère. » L'arbre invincible, s'obstinant plus il est contrarié, a d'autant plus, du côté libre, plongé au fond de la terre, puisé d'incalculables forces. L'un d'eux, pauvre vieux géant qu'on nomme le Charlemagne, usé, miné, foudroyé, après tant de siècles et tant d'accidents, est si ferme encore sur ses reins, qu'en une seule de ses branches il a l'air de porter lui-même un grand chêne à bras tendu.

Il y a beaucoup à profiter entre ces grès et ces chênes. Et l'homme, si vous le trouvez là au travail, n'est pas au-dessous. Les vaillants carriers que je rencontrais en lutte contre le roc, avec ces monstrueux marteaux qui ne semblent pas faits pour la main de l'homme, je leur aurais cru volontiers la force résistante du grès et le cœur d'acier du chêne. Et cela est vrai sans doute pour l'âme et la volonté. Mais le corps résiste moins. La plupart meurent à quarante ans ; et les premiers emportés sont justement les meilleurs, les plus ardents au travail.

Les carriers et les fourmis, c'est toute la vie de la forêt. Jadis on eût dit aussi les abeilles. Elles étaient fort nombreuses, et l'on en rencontre encore, surtout vers Franchart. Elles ont dû diminuer, depuis qu'on a planté tant de pins et d'arbres du Nord qui ne souffrent rien sous leur ombre, et qui ont supprimé dans beaucoup de lieux la bruyère et les fleurs. En récompense, les fourmis fauves, qui préfèrent comme matériaux les aiguilles et les chatons de pins, paraissent y prospérer. Nulle forêt peut-être plus riche en espèces de fourmis.

Voilà les vrais habitants du désert et qui en sont l'âme; les fourmis travaillant le sable, les carriers travaillant le grès. Les uns et les autres de même génie, des hommes fourmis en dessus, des fourmis presque hommes en dessous.

J'admirais la similitude de leur destinée, de leur patience laborieuse, de leur admirable persévérance. Les grès, matière très-réfractaire, rebelle, qui souvent se fend mal, crée à ces pauvres travailleurs de grands désappointements. Ceux surtout qu'un hiver prolongé fait revenir à la carrière avant la fin du mauvais temps trouvent ces blocs (si durs, et pourtant si perméables) pleins d'humidité et demi-gelés. De là, nombre de pavés mal réussis, de rebut. Ils ne se découragent point, et sans murmure recommencent leur âpre travail.

Même leçon de patience est donnée par les fourmis. Sans cesse les éleveurs d'oiseaux, les nourrisseurs de faisans, leur gâtent, bouleversent, emportent des œuvres immenses qui ont coûté une saison. Sans cesse elles recommencent avec une ardeur héroïque.

Nous allions les voir à toute heure et sympathisions avec elles de plus en plus. Leurs procédés patients, leur vie active et recueillie ressemble plus, en vérité, à celle du travailleur, que la vie ailée de l'oiseau qui nous occupait jusque-là. Ce libre possesseur du jour, ce favori de la nature, plane de si haut sur l'homme!... A quoi pourrais-je comparer ma longue vie laborieuse? J'ai bien vu le ciel par instants, parfois ouï les chants d'en haut; mais toute mon existence, l'infatigable labeur qui me retient sur mon œuvre, m'assimile de bien plus près aux modestes corporations de l'abeille et de la fourmi.

Les travaux de leurs camarades, les carriers, au premier coup d'œil, sont peu agréables à voir. Tant de pierres manquées et mal équarries, tant de fragments, tant de poussière et de sable, cela n'attire pas. Vous croyez voir un champ de ruines. Mais qu'en pense la Nature? Si j'en juge par l'empressement que mettent les végétaux à se saisir de ce sable, à le mêler, à en faire une terre à leur usage, la Nature me semble heureuse de voir toute cette substance qui, retenue dans le grès depuis des milliers d'années, n'était pas en circulation, rentrer dans la mobilité de la vie universelle. Cet heureux combat de l'homme contre le roc tire enfin l'élément captif de ce long enchantement. L'herbe s'en empare; l'arbre s'en empare; les animaux s'en emparent. Tout ce sable, auquel le roc aboutit toujours à la longue, devient perméable à l'activité d'un vaste monde souterrain.

Rien ne me faisait plus rêver, nul spectacle ne me ramenait plus fortement sur moi-même. Moi aussi, j'ai été longtemps, par je ne sais quelle pauvreté ou quelle lenteur, comme ce grès réfractaire, sur qui souvent rien ne mord, ou qui, s'ouvrant de travers, ne donne que des fragments informes, irréguliers et de rebut. Il a fallu que l'Histoire, de son pesant marteau de fer, me dégageât de moi-même, me séparât de mes obstacles, me brisât et m'affranchît.

Sévère affranchissement. Pour quelques pierres que j'ai données au grand maçonnage d'avenir, que n'ai-je point perdu de moi-même? Parfois, frappé doublement du présent et du passé, je me sentis tomber en pièces; que dis-je? en poudre, en poussière; et je me vis par moments, comme je vois ce fond de carrière, tout de sable et de débris.

C'est pourtant de ces éléments que la Nature toute-puissante, par je ne sais quelle séve cachée au fond du caillou, m'a fait un renouvellement. D'un peu d'herbe et de bruyère, reliant ce que l'Histoire et le monde avaient broyé, elle a dit avec un sourire : « Vous autres, vous êtes le temps. Je suis la Nature éternelle. »

Donc, voici la rude carrière, hérissée des débris des âges, qui verdoie, produit encore, se couvre de tant de feuilles qu'elle n'en eût jamais de telles avant qu'on y mît le fer. « Sauvage végétation d'hiver? noirs sapins? tristes bouleaux?.. » Mais non pas qu'à cette tristesse ne se mêle l'aubépine en fleurs.

Ce que j'ai tant demandé, désiré, dans mes longues années de silence, où j'étais comme un bloc aride et comme un homme de pierre, c'était la fluidité de la séve, sa vertu d'épanchement. Ma jeunesse, venue tard, veut répandre mon âme ajournée. Hier, je donnai *l'Oiseau*, élan du cœur vers la lumière. Aujourd'hui, la même force me mène, au contraire, sous la terre, à m'embarquer avec vous dans la grande mer vivante des métamorphoses. Monde de mystères et de ténèbres. C'est pourtant celui où se trouvent les lueurs les plus pénétrantes sur les deux chers trésors de l'âme : l'Immortalité et l'Amour.

Fontainebleau, 8 septembre 1857.

LIVRE PREMIER

LA MÉTAMORPHOSE

I

TERREURS ET RÉPUGNANCES

D'UNE ENFANT

I

TERREURS ET RÉPUGNANCES

D'UNE ENFANT[1].

« L'hiver avait passé, l'été et presque les beaux jours, depuis le départ de mon père pour la Louisiane, dont il ne devait pas revenir. Notre maison de campagne était restée déserte. Ma mère, pleine de pressentiments et craignant d'y retourner elle-même, m'envoya une après-midi avec mes frères pour y recueillir quelques fruits.

« Et je partis, gardant, je l'avoue, un reste d'il-

---

1. Ce fragment d'un journal de famille était destiné d'abord à l'*Oiseau*.

lusion, croyant presque retrouver au seuil paternel des bras amis pour me recevoir.

« Tout émue, je franchis la première entrée du domaine, et d'un élan j'arrivai en face de cette porte que tant de fois mon père nous avait ouverte avec cet ineffable sourire dont je vis encore.

« Enfant et déjà jeune fille, à cet âge d'imagination où le rêve est si puissant, j'opposai à la certitude l'obstiné besoin de mon cœur. J'attendis un moment au seuil dans une anxiété étrange ; la force de ma foi eût dû vaincre la triste réalité.... Mais la porte resta close....

« Alors, d'une main tremblante, je l'ouvris moi-même pour y chercher du moins son ombre. Elle-même avait disparu, Un monde obscur, ennemi de la lumière. s'était glissé dans cet asile. J'en fus comme enveloppée.

« Sa petite table noire, pauvre relique de famille, les rayons de sa bibliothèque craquaient par intervalles sous la dent du ver rongeur. Cette chambre avait déjà pris un air antique. De grosses araignées, immobiles et comme gardiennes du lieu, avaient filé et tapissé l'alcôve vide. Des cloportes, des mille-pieds couraient, rampaient çà et là, cherchant un refuge sous les lambris.

« Cette apparition étrange, imprévue, me pénétra

si douloureusement que je retombai sur moi-même et m'écriai en fondant en larmes : « O mon père ! « où êtes-vous ?... »

« Dès ce moment, je ne sentis plus que la désolation de ce lieu, et partout, dans la cour, dans le jardin, je retrouvai les hôtes nouveaux et silencieux qui avaient pris notre place.

« Déjà la première brume du soir se mêlait aux derniers rayons du soleil, et les limaçons, sollicités par cette humidité chaude, sortaient en foule des feuilles qui jonchaient déjà nos allées. I's allaient lentement, mais sûrement, brouter le fruit tombé. Des guêpes, et par nuées, se livraient hardiment au pillage, dépeçant à belles dents nos meilleures pêches et nos plus beaux raisins.

« Nos pommiers, si productifs d'habitude, couverts des toiles filées par les chenilles, n'offraient plus qu'un feuillage jauni. En moins d'une année, ils étaient devenus vieillards.

« Je n'avais pas été en rapport avec ce monde. La vigilance de mon père, et plus encore le secours des petits oiseaux, nous en avaient gardés. Aussi, dans mon inexpérience, et le cœur navré d'une telle ruine, je maudis ceux qu'il ne fallait pas maudire, puisque tous les êtres sont de Dieu.

« Plus tard, mais bien plus tard, je compris les raisons de la Providence. L'homme absent, l'insecte doit prendre sa place pour que tout passe au grand creuset, se renouvelle ou se purifie. »

Voilà les terreurs, les répugnances instinctives de l'enfant. Mais nous sommes tous enfants, et le philosophe même, avec toute sa volonté de sympathie universelle, ne se défend pas de ces impressions. L'appareil d'armes bizarres qu'a le plus souvent l'insecte lui semble une menace à l'homme.

Vivant dans un monde de combat, l'insecte avait grand besoin de naître armé de toutes pièces. Ceux des tropiques surtout sont souvent terribles à voir.

Cependant une bonne partie de ces armes qui nous effrayent, pinces, tenailles, scies, broches, tarières, filières, laminoirs et dents dentelées, ce formidable arsenal avec lequel ils ont l'air de vieux guerriers allant en guerre, sont souvent, à bien regarder, les pacifiques outils qui leur servent à gagner leur vie, les instruments de leur métier. L'artisan, ici, a tout avec lui. Il est à la fois l'ouvrier et la manufacture. Que serait-ce de nos ouvriers s'ils marchaient toujours hérissés des aciers et des ferrailles dont ils se servent dans leurs travaux ? Ils nous sembleraient bizarres, monstrueux, nous feraient peur.

L'insecte, nous le verrons plus tard, est guerrier

par circonstance, par nécessité de défense ou d'appétit, mais généralement il est avant tout et surtout industriel. Pas une de ses espèces que l'on ne puisse classer par son art, et placer sous le drapeau d'une corporation de métiers.

L'effort de cet art, ou, pour parler le langage de nos vieilles corporations même, le *chef-d'œuvre* de cet ouvrier par lequel il se prouve maître, c'est le berceau. Chez eux, la mère devant ordinairement mourir en donnant naissance à l'enfant, sa grande affaire est de créer un ingénieux abri qui garde, nourrisse l'orphelin et serve de mère. Une œuvre si difficile exige des instruments qui nous semblent inexplicables. Tel, que vous assimileriez aux poignards du moyen âge, aux armes subtiles et perfides des assassinats d'Italie, est au contraire un instrument d'amour et de maternité.

Du reste, la Nature est si loin de partager nos préjugés, nos dégoûts, nos peurs enfantines, qu'elle semble soigner et protéger spécialement les espèces rongeuses qui contrarient l'économie de nos petites cultures, mais qui ailleurs l'aident utilement à maintenir l'équilibre des espèces et à combattre l'encombrement végétal de certains climats. Elle conserve très-précieusement les chenilles que nous détruisons. Elle a soin (pour celle du chêne) de lui vernisser ses œufs, afin que, sous la feuille sèche, battus des vents et des pluies, ils n'en bravent pas moins l'hiver. Les chenilles processionnaires s'en vont vêtues et gardées de leurs épaisses fourrures qui imposent à leurs ennemis, jusqu'à ce que, devenues phalènes, elles volent, heureuses et libres, sous la garde des ténèbres.

Il se trouve, pour quelques-uns, que les précautions sont plus grandes encore. Agents sans doute essentiels de la transformation vitale, ils ont, par-dessus les autres, des garanties de durée qui leur assurent infailliblement une immortalité d'espèce.

Les pucerons, par exemple, vivipares et ovipares tour à tour, naissent tout vivants l'été pour être plus vite à la besogne, et sous forme d'œuf à l'automne, quand la feuille tombe et la séve s'endort, pour mieux résister au froid de l'hiver. Enfin, leur mère généreuse réserve à cette espèce aimée ce don inouï qu'une seule minute d'amour leur donnera, la fécondité pour quarante générations !

Des êtres ainsi privilégiés ont évidemment quelque chose à faire, une grande, importante mission qui les rend indispensables et fait d'eux une pièce essentielle de l'harmonie du monde. Nécessaires sont les soleils, mais aussi les moucherons. L'ordre est grand dans la voie lactée, mais non pas moins dans la ruche. Qui sait si la vie des étoiles n'est pas moins essentielle? J'en vois qui filent, et Dieu s'en passe. Pas un genre d'insectes ne manque à l'appel. Qu'une seule espèce de fourmis fît défaut, cela serait grave, et ferait une dangereuse lacune dans l'économie générale.

II

LA PITIE

II

LA PITIÉ.

Le peintre Gros vit un jour entrer dans son atelier un de ses élèves, beau jeune homme insouciant, qui avait trouvé galant de piquer à son chapeau un superbe papillon dont il venait de faire la capture et qui se débattait encore. L'artiste fut indigné, il entra dans une violente colère : « Quoi ! malheureux, dit-il, voilà le sentiment que vous avez des belles choses ! Vous trouvez une créature charmante, et vous ne savez en rien faire que de la crucifier et la tuer barbarement !... Sortez d'ici, n'y rentrez plus ! ne reparaissez jamais devant moi ! »

Ce mot ne surprendra pas ceux qui savent quelle fut la vive sensibilité du grand artiste, sa religion de la beauté. Ce qui étonne davantage, c'est de voir un anatomiste, un homme qui vécut le scalpel à la main, Lyonnet, parler dans le même sens et au sujet des insectes qui intéressent le moins. Cet homme habile et patient a, comme on sait, ouvert à la science une voie toute nouvelle par son immense travail sur la chenille du saule, où l'on apprit que l'insecte est identique pour les muscles aux animaux supérieurs. Lyonnet se félicite d'avoir pu mettre à fin ce long travail, sans avoir tué plus de huit ou neuf individus de l'espèce qu'il voulait décrire.

Noble résultat de l'étude ! En approfondissant la vie par ce travail persévérant, bien loin de s'y refroidir, il lui était plus sympathique. Le détail minutieux de l'infiniment petit lui avait révélé les sources de vive sensibilité qu'a cachées partout la nature. Il l'avait retrouvée la même au plus bas de l'échelle animale, et avait pris le respect de toute existence.

Les insectes nous répugnent, nous inquiètent, parfois nous font peur juste en proportion de notre ignorance. Presque tous, spécialement dans nos climats, sont pourtant inoffensifs. Mais nous suspectons l'inconnu. Presque toujours nous les tuons, pour tout éclaircissement.

Je me rappelle qu'un matin, à quatre heures, en juin, le soleil étant déjà haut, je fus éveillé assez brusquement, lorsque j'avais encore beaucoup de fatigue et de sommeil. J'étais à la campagne, dans une chambre sans volet ni rideau, en plein levant, et les rayons arrivaient jusqu'à mon lit. Un magnifique bourdon, je ne sais comment, était dans la chambre, et joyeusement, au soleil, voletait et bourdonnait. Ce bruit m'ennuyait. Je me lève, et, pensant qu'il voulait sortir, je lui ouvre la fenêtre. Mais point: telle n'était son idée. La matinée, quoique belle, était très-fraîche, fort humide; il préférait rester dans la chambre, dans une température meilleure qui le séchait, le réchauffait; dehors, il était quatre heures; dedans, c'était déjà midi. Il agissait précisément comme j'eusse fait, et ne sortait point. Je voulus lui donner du temps; je laissai la fenêtre ouverte, et me recouchai. Mais nul moyen de reposer. La fraîcheur du dehors entrant, lui aussi il entrait plus avant et voletait par la chambre. Cet hôte obstiné, importun, me donna un peu d'humeur. Je me levai, décidé à l'expulser de vive force. Un mouchoir était mon arme, mais je m'en

servais sans doute assez maladroitement; je l'étourdis, je l'effrayai; il tourbillonnait de vertige, et de
moins en moins songeait à sortir; mon impatience
croissait; j'y allai plus fort, et trop fort sans doute....
Il tomba sur l'appui de la fenêtre, et ne se releva
plus.

Était-il mort ou étourdi? Je ne fermai point,
pensant que, dans ce cas, l'air pourrait le raviver,
et qu'il s'en irait. Je me recouchai cependant, assez
mécontent. Au total, c'était sa faute : pourquoi ne
s'en allait-il pas? ce fut la première raison que je
me donnai. Puis, en réfléchissant, je devins plus
sévère pour moi ; j'accusai mon impatience. Telle
est la tyrannie de l'homme : il ne peut rien sup-
porter. Ce roi de la création, comme tous les rois,
est violent; à la moindre contradiction, il s'emporte, il éclate, il tue.

La matinée était très-belle, fraîche et pourtant
peu à peu déjà presque chaude. Heureux mélange
de température, propre à ce très-doux pays et à ce
moment de l'année; c'était juin et en Normandie.
Le caractère propre à ce mois et qui le distingue
tout à fait de ceux qui suivront, c'est que les espèces innocentes, celles qui vivent de végétaux,
sont nées toutes, mais pas encore les espèces meur-
trières qui ont besoin de proie vivante; force mouches, et point d'araignées. La mort n'a pas com-

mencé, et il ne s'agit que d'amour. Toutes ces idées me venaient, mais point du tout agréables. Dans ce moment béni, sacré, où tous vivent en confiance, moi j'avais déjà tué ; l'homme seul rompait la paix de Dieu. Cette idée me fut amère. Que la victime fût petite ou grande, il importait peu ; la mort était toujours la mort. Et c'était sans occasion sérieuse, sans provocation, que j'avais brutalement troublé cette douce harmonie du printemps, gâté l'universelle idylle.

En roulant toutes ces pensées, je regardais par moments de mon lit vers la fenêtre, j'observais si le bourdon ne remuerait pas encore un peu, si réellement il était mort. Mais rien malheureusement, une immobilité complète.

Cela dura une demi-heure ou trois quarts d'heure environ. Puis, tout à coup, sans que le moindre mouvement préalable l'eût pu faire prévoir, je vois mon bourdon s'élever d'un vol sûr et fort, sans la moindre hésitation, comme si rien ne fût arrivé. Il passa dans le jardin, alors complétement réchauffé et plein de soleil.

Ce fut pour moi, je l'avoue, un bonheur, un soulagement. Mais lui, il ne s'en doutait pas. Je vis qu'il avait pensé, dans sa petite prudence, que, s'il trahissait par le moindre signe la vie qui lui revenait, son bourreau pourrait l'achever. Donc, il fit le

mort à merveille, attendit qu'il eût bien repris la
force et le souffle, que ses ailes sèches et chaudes
fussent toutes prêtes à l'emporter. Et alors, d'une
volée, il partit sans dire adieu.

C'est dans un voyage en Suisse, dans le pays des
Haller, des Hubert et des Bonnet, que nous commen-
çâmes à étudier sérieusement, ne nous contentant
plus des collections qui ne montrent que le dehors,
mais décidés à pénétrer les organes intérieurs
par le scalpel et le microscope. Alors aussi il nous
fallut commettre nos premiers crimes.

Je n'ai pas besoin de dire que cette préoccupation,
cette émotion, plus dramatique qu'on ne le suppo-
serait, fit tort à notre voyage. Ces lieux ravissants,
sublimes, solennels, ne perdirent pas sans doute
leur puissance sur nous. Mais la vie, la vie souffrante (et qu'il fallait faire souffrir), y faisait diver-
sion. L'hymne ou l'épopée éternelle de ces infiniment grands combattait à peine le drame de nos
infiniment petits. Une mouche nous dérobait les
Alpes. L'agonie d'un coléoptère qui fut dix jours à
mourir nous a voilé le mont Blanc; l'anatomie
d'une fourmi nous fit oublier la Jungfrau.

N'importe, qui dira bien ce qui est grand, ce qui
est petit? Tout est grand, tout est important, tout est
égal au sein de la nature et dans l'impartialité de

l'amour universel. Et où est-il plus sensible que dans l'infini travail du petit monde organique sur lequel nous tenions les yeux ? Les relever vers ces monts, les abaisser sur ces insectes, c'était une et même chose.

« Le 20 juillet, par une journée très-chaude, mais rafraîchie encore par la brise matinale qui se jouait sur le lac entre Chillon et Clarens, je me promenais seule ; mon mari était resté à écrire. Le soleil glissait oblique entre nos vallées du pays de Vaud et frappait d'une pleine lumière les montagnes opposées de Savoie. Le lac déjà illuminé reflétait les vives arêtes des rochers, dont le pied, couvert de pâturages, prend vie et fraîcheur sur ses bords.

« Plus tard, le soleil tourne et la scène change. Un chaud rayon de lumière pénètre, au delà de Chillon, le long défilé du Valais, illumine la Dent aiguë du Midi et colore vaporeusement le faîte du lointain Saint-Bernard. Mais je préférais à cette scène de splendeur l'heure du matin où notre Montreux repose dans l'ombre. C'était l'heure religieuse pour sa petite église, dont la terrasse à mi-côte, adossée aux pentes rapides, boisées et alors obscures, en verse l'eau cristalline aux vignes altérées d'en bas. Sous la terrasse, une belle grotte moussue, parée de stalactites, garde une pénétrante fraîcheur. Audessus, le temple, entouré de bancs de bois hospitaliers, une petite bibliothèque (autre temple) où les vignerons viennent emprunter des livres, enfin la jolie fontaine, font un charmant petit ensemble d'une gracieuse austérité. Le matin surtout, dans le demi-voile de brume qui annonce un jour de chaleur, ce beau lieu a l'effet d'une pensée religieuse, recueillie en soi et cependant étendue de cet immense tableau qu'elle embrasse, admire et bénit.

« J'y venais souvent, en montant la première pente des montagnes, solitaire et bordée de fleurs. J'y venais avec un livre, et pourtant je n'y lisais guère. La vue était trop absorbante : soit qu'elle se portât au loin sur la plane glace du lac, sur le vis-à-vis Savoyard, les rochers de Meillerie (forêts, prairies, précipices), ou près de nous sur le nid de Clarens et les basses tours de Chillon, soit qu'enfin mon regard revînt aux jolies maisons à contrevents verts de nos amis le médecin et le ministre chez qui mon mari travaillait[1], j'y restais dans un demi-rêve, où mon cœur, bien qu'ému, sentait les douceurs d'une harmonie sainte.

« Mais bientôt je m'apercevais que je n'étais pas

---

1. Nous avions le bonheur de demeurer à Montreux, au plus beau lieu de la terre, chez une très-rare personne que j'aurais crue une personne italienne ou espagnole, si je ne l'avais sue Genevoise, et même sœur du chaleureux et savant historien de l'église de Genève. Porte à porte, un grand médecin, homme simple, d'autant plus pénétrant dans les choses de la nature.

tout à fait seule. Des abeilles ou des bourdons, qui s'étaient aussi levés de bonne heure, étaient déjà au travail, cherchaient dans les fleurs le miel distillé sous la rosée, plongeaient au fond des campanules, ou se glissaient adroitement dans la mystérieuse corolle du charmant sabot de Vénus. De brillantes cicindèles ouvraient la chasse aux moucherons, tandis que des tribus plus lourdes, les bousiers, sombres saphirs, cherchaient leur vie au fond des herbes.

« Ce jour donc, le 20 juillet, laissant tomber mes regards machinalement à mes pieds et reposant un moment mes yeux du trop lumineux tableau, je vis avec étonnement une scène qui contrastait fort avec ce lieu charmant, béni, une lutte atroce de guerre. L'insecte géant qu'on appelle cerf-volant, l'un des plus gros de nos climats, masse noire et luisante aux cornes armées de superbes pinces en croissant, avait saisi et entamé un coléoptère de taille inférieure. Toutefois ces deux ennemis étant également couverts d'armes défensives admirables, à l'instar des corselets, brassards et cuissards de nos anciens chevaliers, la lutte était longue et cruelle. Tous deux de race meurtrière et qui vivent de petits insectes, grands seigneurs habitués à dévorer leurs vassaux ; quelle qu'eût été la victime du duel, le petit peuple eût certainement applaudi. Cependant le mouve-

ment instinctif, aveugle, qui nous porte, en pareil
cas, à séparer les combattants, m'entraîna à inter-
venir, et du bout de mon ombrelle, adroitement,
délicatement, sans blesser les deux partis, j'obli-
geai le plus fort des deux lutteurs à lâcher prise. »

Ce prisonnier ramené fut, sans forme de procès,
adjugé à nos observations, en punition de sa vora-
cité fratricide. Du reste, notre système n'est point de
piquer jamais les insectes : horrible supplice, déso-
lant spectacle qui ne finit pas. Un mois après et davantage, vous voyez s'agiter encore ces pauvres cru-
cifiés. L'éther donne généralement une mort rapide
et qui semble plus douce. Nous éthérisâmes donc
largement le prisonnier. En un moment il tourna,
tomba ; nous le crûmes fini. Une heure ou deux se
passèrent ; le voilà qui reprend vie, qui se remet
sur ses pattes tremblantes, essaye de marcher ; il
retombe, se relève encore. Mais, il faut le dire,
il ne marchait que comme un homme ivre. Un enfant en aurait ri. Nous n'avions guère envie de
rire, étant obligés encore de l'empoisonner. Une
dose plus forte fut administrée. En vain, il revenait
toujours. Il sembla même, chose bizarre, que cette
espèce d'ivresse qui énervait, tuait presque les facultés du mouvement, avait surexcité d'autant les
nerfs et ce qu'on appellerait les facultés amoureuses. L'emploi qu'il cherchait à faire de sa marche

vacillante et de ses derniers efforts, c'était de joindre
une femelle de son espèce que nous avions trouvée
morte et qui était sur la table. Il la palpait de
ses pattes et de ses bras tremblotants. Il parvint
à la retourner, tâtonna (très-probablement il ne
voyait plus), pour bien s'assurer si elle vivait. Il
ne pouvait s'en séparer ; l'on eût juré qu'il avait
entrepris, lui mourant, de ressusciter cette morte.
Spectacle bizarre, funèbre, mais touchant pour qui
sait (de cœur) que la nature est identique. Nous en
fûmes contristés ; nous essayâmes d'abréger, à force
d'éther, et de séparer cette Juliette de ce Roméo.
Mais cet indomptable mâle se moquait de tous les
poisons. Il se traînait lugubrement. Nous l'enfer-
mâmes dans une grande boîte, où il ne finit qu'à la
longue et par des doses incroyables. Il fallut bien
quinze jours pour consommer son supplice ; lecteur,
tu peux bien dire le nôtre.

Cet être fort, résistant, d'une inextinguible
flamme, nous mit en grande rêverie. Au premier
pas dans le meurtre, la nature avait voulu nous
montrer, et de main de maître, les persévérances
étranges, indomptables, qu'elle donne à la vie.
« L'amour est fort comme la mort. » Qui dit cela ?
c'est la Bible. Oui, et c'est aussi la Bible éternelle.
Or qui plus que l'amour consacre la vie, la rend
émouvante, respectable et sainte ? Et quelle tris-

tesse est-ce donc de trancher celle-ci au moment divin où tout être a sa part de Dieu !

Nous nous disions pour excuse que cet insecte, qui a vécu six années dans la nuit, ne vit ailé et sous le ciel que deux mois au plus, assez pour avoir le temps de se reproduire. Nous lui ôtions donc peu de temps ; un mois sur six ou sept années ! Oui, mais ce mois, c'était l'époque où toute sa vie avait tendu ; il végétait jusque-là, mais alors vraiment il vivait, régnait, était puissant, heureux. Longtemps insecte, pour cette heure il était devenu presque oiseau : fils de la terre fleurie et de la chaude lumière. Nous avions fait comme la Parque, qui se plaît à couper le fil tout juste au moment du bonheur.

III

LES IMPERCEPTIBLES CONSTRUCTEURS

DU GLOBE

III

LES IMPERCEPTIBLES CONSTRUCTEURS

DU GLOBE.

Il y a un monde sous ce monde, dessus, dedans, tout autour, dont nous ne nous doutons pas.

A peine, par moments, l'entendons-nous quelque peu murmurer, bruire, et sur cela nous disons : « C'est peu de chose, ce n'est rien. » Mais ce rien est l'infini.

L'infini de la vie invisible, de la vie silencieuse, le monde de la nuit, du fond de la terre, du ténébreux océan, les invisibles de l'air que nous respirons, ou qui, mêlés à nos liquides, circulent en nous inaperçus.

Monde énormément puissant, que l'on méprise en détail, et qui, par moments, terrifie, quand il apparaît aux yeux dans quelqu'une de ses grandes révélations imprévues.

Le navigateur, par exemple, qui, la nuit, voit l'Océan étinceler de lumière, danser en guirlandes de feu, s'égaye d'abord de ce spectacle. Il fait dix lieues : la guirlande s'allonge indéfiniment, elle s'agite, se tord, se noue, aux mouvements de la lame ; c'est un serpent monstrueux qui va toujours s'allongeant, jusqu'à trente lieues, quarante lieues. Et tout cela n'est qu'une danse d'animalcules imperceptibles. En quel nombre? A cette question l'imagination s'effraye; elle sent là une nature de puissance immense, de richesse épouvantable, peu en rapport avec l'autre, avec la nature réglée, économe en quelque sorte, de la vie supérieure.

On ne peut parler des insectes, des mollusques, sans nommer ces animalcules, qui semblent en être l'ébauche, qui, dans leur très-simple organisme, les représentent déjà, les préparent, les prophétisent. Avec un fort microscope on aperçoit ces miniatures de l'insecte, qui en simulent l'organisme et en jouent les mouvements. Quand on parvient à distinguer les volvox, on croit, à leurs agrégations, aux tentacules de leur bouche, reconnaître de petits polypes. Les rhizopodes, pour être à peu près imperceptibles, n'en ont pas moins de bonnes et solides carapaces, qui les défendent aussi bien que les grosses coquilles des mollusques, des huîtres, des limaçons. Les tardigrades microscopiques tiennent déjà des insectes, et les leucophres des vers.

Que sont ces petits des petits? Rien moins que les constructeurs du globe où nous sommes. De leurs corps, de leurs débris, ils ont préparé le sol qui est sous nos pas. Que leurs minimes coquilles soient encore reconnaissables, ou qu'elles aient, par décomposition, passé à l'état de craie, ils n'en sont pas moins notre base dans d'immenses parties de la terre. Un seul banc de cette craie, qui va de Paris à Tours, a cinquante lieues de longueur. Un autre, de largeur énorme, s'étend sur toute la Champagne. La craie pure ou blanc d'Espagne, qu'on trouve partout, n'est faite que de coquilles en poudre.

Et ce sont les plus petits qui ont fait les plus grandes choses. L'imperceptible rhizopode s'est bâti un monument bien autre que les Pyramides, pas moins que l'Italie centrale, une notable partie de la chaîne des Apennins. Mais c'était trop peu encore : les masses énormes du Chili, les prodigieuses Cordillères qui regardent le monde à leur pied, sont le monument funéraire où cet être insaisissable et pour ainsi dire invisible, a enseveli les débris de son espèce disparue.

Arrière-monde, caché sous le monde actuel et supérieur, dans les profondeurs de la vie ou dans l'obscurité du temps.

Que de choses il aurait à dire, si Dieu lui donnait la parole, lui permettait de rappeler tout ce qu'il fit ou fait pour nous ! Les plantes élémentaires, les animalcules ébauchés qui, de leur poussière, nous ont fabriqué la féconde écorce du globe, ce beau théâtre de la vie, quelles justes réclamations ils pourraient nous adresser ! « Pendant que vous dormiez encore, diraient les fougères, nous seules, transformant, épurant l'air non respirable alors, nous fîmes dans des milliers d'années la terre où devaient venir le blé et la rose. Nous fîmes le trésor souterrain des bancs énormes de charbon qui réchauffent votre foyer, et la masse, entre autres, de cent lieues de long dont vit la grande forge du monde (de Londres jusqu'à New-Castle). »

« Nous, diraient les imperceptibles, les animalcules obscurs, innommés, que l'homme méprise ou ignore, nous sommes tes nourriciers, nous sommes les préparateurs de tes cultures, de tes demeures. Ce ne sont pas les grands fossiles, rhinocéros ou mastodontes, qui ont fait ce sol de leurs os. Il est nôtre, ou plutôt nous-mêmes. Tes cités, tes

Louvres, tes Capitoles se sont bâtis de nos débris. La vie même en sa haute fleur, dans ce petillant breuvage où la France distribue la joie à toute la terre, d'où vient-elle ? Des collines arides où la vigne croît de la blanche poussière qui fut nous, et qui retrouve la chaleur cachée de nos existences antérieures. »

Longue serait la réclamation ; la restitution impossible. Ces myriades de morts, ayant alimenté de leur calcaire ce qui fait notre nourriture, ont passé dans notre substance. D'autres aussi réclameraient. Le caillou même, le dur silex, il eut vie et nourrit la vie.

L'étonnement fut grand en Europe lorsqu'un professeur de Berlin, Ehrenberg, nous apprit que la pierre siliceuse singulièrement âpre, aigre, cassante, le tripoli qui polit les métaux, n'est autre chose qu'un débris d'animalcules, un agencement de carapaces d'infusoires d'une terrible petitesse. L'être dont il s'agit est tel, qu'il en faut 187 millions pour peser un grain.

Ces travaux des imperceptibles constructeurs du globe, que les savants admiraient dans les espèces éteintes, les voyageurs les ont retrouvés dans des espèces vivantes. Ils ont surpris, de nos jours même, en activité permanente, ces laboratoires immenses d'être invisibles en eux-mêmes ou d'une impuissance apparente, mais d'efficacité sans bornes, à juger par ses résultats. Ce que la mort fit pour la vie, la vie elle-même le raconte. Nombre de petits animaux sont par leurs œuvres actuelles les interprètes, les historiens de leurs prédécesseurs disparus.

Ceux-ci comme ceux-là, de leurs constructions ou de leurs débris, élèvent des îles dans la mer, des bancs immenses de récifs, qui reliés peu à peu, deviendront des terres nouvelles. Sans aller bien loin, en Sicile, parmi les madrépores qui en couvrent les côtes déchirées par les feux souterrains, un petit animal, le vermet, a fait un travail que l'homme n'eût jamais osé entreprendre. Il avance en protégeant son corps mou d'une enveloppe de pierre qu'il va sécrétant sans cesse. Continuant, développant ces tubes qui successivement l'abritèrent, il remplit parfaitement les vides que laissent entre eux les madrépores ou les coraux, comble l'intervalle entre les récifs, jette de l'un à l'autre des ponts qui les font communiquer; enfin il crée une voie dans les passes jusqu'ici impossibles. Avec le temps, ce constructeur aura accompli l'œuvre énorme d'un trottoir tout autour de l'île, dans sa circonférence de cent quatre-vingts lieues.

Mais c'est spécialement dans l'immensité de la mer du Sud que ces travaux se continuent en grand

par les polypes calcaires, les coraux et madrépores
de tout genre. Végétation animale qu'on pourrait
comparer au travail des mousses de la tourbe,
qui continuent de pousser dans sa partie supérieure tandis que les inférieures se transforment
et se décomposent. Tout comme des végétaux, ces
polypes et leur œuvre même, le corail mou et tendre encore, sont parfois la nourriture de poissons
et de vers qui les paissent, les broutent à la façon
de nos bestiaux, s'en nourrissent et les rendent en
craie que rien ne ferait supposer avoir jamais eu
vie. Récemment les marins anglais ont découvert
au fond des mers cette manufacture de craie, qui
la fait passer sans cesse de l'état vivant à l'état inor-
ganique.

Ces causes de destruction n'empêchent pas les
polypes de continuer imperturbablement leurs travaux immenses, élevant incessamment des îles, des
barrages solides, parfaitement entendus pour résister à l'action de l'Océan. Ils se distribuent le travail
selon leurs espèces. Les uns, plus paresseux, fonc-
tionnent dans les eaux tranquilles, ou, plus loin de
la lumière, dans les grandes profondeurs; d'autres,
sous le jour, dans les brisants même, dont ils deviennent les maîtres.

Mous, gélatineux, élastiques, adhérant à leur appui, à la masse pierreuse et poreuse, ils amortis-

sent la furie de la vague bouillonnante qui userait le granit, ferait voler le rocher.

Sous les doux vents alizés qui règnent dans ces climats, la mer, uniformément, irait d'un flot régulier, si elle ne trouvait ces digues vivantes qui la forcent de reculer sur elle-même, dissipent la vague en poussière et lui donnent un éternel tourment.

L'eau les bat, c'est ce qu'il leur faut. La vague ne leur fait pas de mal, et elle travaille pour eux. Sa violence ne les use pas ; mais elle use les brisants, en détache par atomes la chaux dont ils vivent et bâtissent. Cette chaux, absorbée par eux, animalisée, se change en cent fleurs brillantes, vivantes actives, qui sont nos polypes eux-mêmes et tout un monde analogue qui émaille le fond des eaux.

Sur le bord de ces îles, généralement circulaires comme un anneau, se fait de débris la terre végétale qui verdoie bientôt, et s'orne du seul arbre qui tolère l'eau salée, le cocotier. Voilà l'*humus*, voilà la vie qui ira toujours augmentant. L'eau douce y viendra, sollicitée par la végétation.

Type original d'un monde naissant qui pourra être habité tout à l'heure, le cocotier a ses insectes; les oiseaux s'y arrêteront; l'homme en recueillera les fruits. Les naufrages, les bois flottants, poussés par la mer, y amenèneront à la longue des habitants de toute espèce.

Telle de ces îles, étendue, agrandie et affermie, n'a pas moins de vingt-cinq lieues de circonférence. Il en est de plus grandes encore, fertiles, habitées, populeuses, comme sont plusieurs des Maldives.

L'ambition des architectes pouvait se contenter, ce semble, de si vastes créations. Mais, pour assurer la solidité, ils ont augmenté l'étendue. Les contreforts par lesquels ils étayent leur œuvre au fond de la mer, se prolongeant, s'élevant, sont devenus des bancs qui relient les îles aux îles dans des longueurs prodigieuses. Sur la ligne de la vie brûlante, dans la zone des tropiques, ces constructeurs infatigables ont hardiment coupé la mer, rompu ses courants; ils arrêtent déjà les navigateurs.

La Nouvelle-Calédonie est maintenant entourée d'un récif de 145 lieues. La chaîne des îles Maldives a 480 milles anglais. A l'est de la Nouvelle-Hollande, un banc de polypes a 360 lieues, 127 sans interruption. Enfin, dans la mer Pacifique, ce qu'on appelle l'archipel Dangereux a environ 400 lieues de long sur 150 de large.

S'ils continuent de la sorte, reliant toujours leurs travaux, ils pourront réaliser la prophétie de

M. Kirby, qui déjà y voyait un nouveau monde, brillant et fertile, et peu à peu, avec des siècles, un passage, un pont immense pour rattacher l'Amérique à l'Asie.

IV

L'AMOUR ET LA MORT

IV

L'AMOUR ET LA MORT.

Au-dessus de cet infini de la vie élémentaire, de cette vie quasi végétale où la génération n'est encore qu'un bourgeonnement, va commencer l'être distinct, individuel et complet, en qui le réseau électrique des nerfs fortement centralisé suivra l'énergie rapide des actes et des résolutions.

Quelque humble que puisse sembler l'apparition de l'insecte, il est d'abord indépendant de l'existence immobile, expectante, de tous ces peuples inférieurs. Il naît dégagé de ce fatalisme communiste où chacun fut asservi, perdu dans la vie de tous. Il est par lui-même, il se meut, va, vient, avance ou retourne, se détourne à volonté, change de détermination, de direction, selon ses besoins, ses appétits, ses caprices. Il se suffit; il prévoit, pourvoit, se défend, fait face aux hasards imprévus.

N'y a-t-il pas déjà ici comme une première lueur de la personnalité?

L'individu s'est détaché. Il se montre tout d'abord pourvu admirablement des instruments qui l'aideront à soutenir et fortifier l'existence individuelle. Il naît avide, *absorbant*. Et cette absorption même, c'est précisément le service que la nature attend de lui. Il arrive pour épurer et désencombrer le monde, pour faire disparaître les vies morbides ou éteintes, qui font obstacle à la vie, pour sauver celle-ci des excès de sa profonde fécondité, du danger de la plénitude.

Nul être, nous le montrerons, n'aura autant que celui-ci puissance sur le globe. Nul n'influera sur la condition de l'existence générale avec ce degré d'énergie. Mais cette force extraordinaire, disproportionnée à la taille, au volume, au poids de l'insecte, est soumise à une loi dure : le renouvellement rapide, absolu, complet (à chaque génération), de l'individu.

L'amour implique la mort. Engendrer, et enfanter, c'est mourir. Celui qui naît tue.

Sentence commune à tous les êtres, mais qui

n'est accomplie sur aucun plus littéralement que sur l'insecte.

Pour le père d'abord, aimer, c'est mourir. Il faut qu'il se donne, s'arrache le meilleur de soi, qu'il périsse en lui, pour revivre en celui à qui il aura transmis son germe de résurrection.

Et pour la mère elle-même, dans la plupart des espèces d'insectes, la condamnation est la même. Elle aimera, enfantera, et bientôt elle en mourra. L'amour n'aura pas pour elle son prix et sa récompense. Elle ne verra pas son fils. Elle n'aura pas les consolations de la mort, ne se voyant pas survivre dans un autre elle-même.

Grande et sévère différence entre cette mère et les mères des animaux supérieurs! La femme, la femelle des mammifères, en général, garde en soi son cher trésor; réchauffé de sa propre flamme, alimenté de son amour. Que la mère insecte serait envieuse, si elle connaissait ce suprême bonheur maternel! Elle, il lui faut chercher dans la froide nature, demander à un autre être, arbre, plante, fruit ou (à la terre même), de vouloir bien continuer sa maternité. Cela est sévère, non cruel. Regardons-y sérieusement. Si la mort sépare la mère et l'enfant, c'est qu'ils ne pourraient vivre ensemble, étant fortement séparés par les conditions opposées de vie et de nutrition. Lui, d'abord humble chenille, larve ou

ver, mineur obscur, travailleur caché de la nuit,
doit longtemps encore s'alimenter de pâtures grossières, et parfois de la mort même. Elle, ailée, trans-
figurée, qui est montée à la vie haute et légère et
ne vit que du miel des fleurs, comment s'accom-
moderait-elle des ténèbres, de l'utile abjection où
l'enfant se fortifie? Ce qui est salutaire et vital pour
ce fils ténébreux de la terre serait mortel à une
mère aérienne qui déjà a volé dans la tiédeur et la
douce lumière du ciel.

Pour que l'enfant vienne à bien, il faut qu'elle lui
crée l'ensevelissement provisoire d'un triple ou
quadruple berceau où elle le déposera non dépourvu et sans secours, mais muni des premiers
aliments, légers et propres à sa faiblesse, qu'il doit
trouver à son réveil. Cela fait, elle ferme la porte,
la scelle, et s'exclut elle-même, s'interdit d'y retourner. Elle doit céder ses droits à la mère universelle,
qui la remplacera, la Nature.

Que cet enfant vive là fort commodément, que, de
lui encore, il tire une enveloppe soyeuse qui tapisse sa douce prison, qu'enfin devenu assez fort
il sorte quand la chaleur l'appelle, cela se comprend
et s'explique; on l'admire sans étonnement. Ce qui
étonne infiniment, c'est que cette mère (papillon,
scarabée, etc.), après tant de changements où elle
a passé, tant de mues, de sommeils transitoires, de

métamorphoses, retrouve pour son enfant la connaissance du lieu, de la plante, où jadis, n'étant
que chenille, elle se nourrit, grandit, d'où elle prit
son point de départ. Merveille à confondre l'esprit !... Ceux que nous croyons les plus étourdis,
la mouche, le papillon à la tête légère, au moment
où la mort prochaine s'éclaire du rayon de l'amour,
ils se posent, ils se recueillent, ils ont l'air de songer et de se ressouvenir. Puis, sans se tromper, ils
vont. Le voici, ce végétal, qui fut leur patrie première, leur lieu natal et leur berceau. Il va le re-
devenir et protégera leur enfant.

Ils se montrent tout à coup prudents, prévoyants,
habiles. Ils pratiquent, pour lui ouvrir cette re-
traite, des arts inconnus, déploient des adresses
incroyables. Comment cela ? Qu'arrive-t-il ? Parfois
leurs armes de guerre, tournées à d'autres usages,
deviennent des instruments d'amour. Parfois des
appareils nouveaux, jusque-là cachés, apparaissent, tels d'extrême complication, et pour ce seul
acte pourtant et pour cet unique jour !

On a fait un curieux livre sur la mécanique et
l'instrumentation infiniment variée dont les insectes
sont pourvus pour cette fonction maternelle. Ces outils sont souvent charmants de précision, de finesse,
de subtilité. Qu'il suffise de citer celui de la mouche du rosier, fort bien décrit par Réaumur, cette

scie dont les deux lames agissent en sens inverse, avec des dents dont chacune est elle-même dentelée.

Puissance inouïe de l'Amour! Soit que ce divin ouvrier leur prépare leurs petits outils, soit qu'il leur donne de les faire par l'effort et la véhémence du brûlant désir maternel, vous les voyez surgir en eux et fonctionner au moment d'une manière tout inattendue.

La tâche est simple du moins pour les tribus d'insectes sociables qui travaillent avec le secours et la protection d'une république nombreuse; mais elle est infiniment laborieuse et pénible pour les mères solitaires, qui, sans auxiliaire, époux, ni ami, entreprennent des travaux énormes, parfois des constructions qui sont des œuvres de géant. C'est le nom qu'on peut donner aux nids des guêpes maçonnes. On est émerveillé de ce qu'une construction pareille a demandé de patience et de force de volonté.

La mère vieillit en quelques jours dans ce travail excessif. Elle s'use et n'en a pas le fruit. Ce berceau laborieux sert fréquemment pour un autre. Une usurpatrice étrangère ne s'en empare que trop souvent, profite de l'œuvre méritante, y établit son rejeton, qui non-seulement va consommer l'aliment de l'hôte légitime, mais de cet héritier même va se faire un aliment.

Qui n'accordera, à ce grand travail, d'un résultat si peu certain, un regard de compassion?

Aux jours ardents de juillet, quand l'étroit cercle de forêts dont cette ville (Fontainebleau) est environnée y concentrait la chaleur, malgré la saison paresseuse, nous étions émerveillés du travail incessant, soutenu, d'une abeille solitaire qui toujours allait, venait. Les voyages infatigables la ramenaient toujours près de quelques vases de camélias et de lauriers-roses. Je la vois encore grande et svelte, d'un beau brun mêlé de noir, qui, à intervalles égaux, à peu près de cinq minutes, rapportait plié un fragment de feuilles (je crois de rosier) qu'elle introduisait par un trou profond dans la terre du vase où elle avait fait son nid.

Trois jours elle travailla avec la même ferveur. Rien n'indiquait qu'elle prît la moindre pâture. Toute à son œuvre, elle paraissait avoir déjà abandonné le soin de sa vie.

Si forte était sa préoccupation, si pressée son action, qu'on pouvait approcher très-près. Elle ne s'effrayait de rien; et nous pûmes, à notre aise, nous établir près du vase, nous y asseoir, et observer avec la même constance qu'elle mettait au travail.

Le matin du quatrième jour, nous trouvâmes l'ouverture fermée, et nous ne la revîmes plus.

Elle avait fini. Épuisée, mais heureuse d'avoir fini, elle était restée sans doute au fond de quelque coin obscur pour y attendre son sort.

Nous procédâmes délicatement à détacher la terre qui tenait aux parois du vase pour examiner son travail.

Il y avait au fond, sous la forme à peu près de deux dés à coudre, deux berceaux, donc deux enfants. Elles ont toujours ce soin. Autant de petits, autant de cellules.

Chacune était formée de vingt-six fragments de feuilles. Réaumur, dans un nid semblable, n'en a compté que seize. Six de ces fragments qui fermaient l'entrée étaient parfaitement ronds, chose remarquable, si l'on songe à l'instrument nullement approprié à ce travail qui l'a accompli. Ils avaient cependant la précision identique qu'aurait donnée l'emporte-pièce.

Les autres portions de feuilles, taillées en ovale, posées très-bien les unes sur les autres en suivant les contours du nid, étaient comme autant de toits que l'infatigable mère avait opposés au froid, à la pluie. Au fond un peu de miel, doux et dernier legs maternel, laissé par elle à ceux qu'elle abandonnait pour toujours.

Nous eûmes la satisfaction de les voir filer leur abri d'hiver. Il leur sera plus doux sous notre toit qu'au fond du vase. Les intentions de la mère seront parfaitement remplies. Adoptées, soignées, portées à Paris, les *nymphes* de Fontainebleau prendront, un matin de printemps, leur essor sur nos fenêtres, et pourront, jeunes abeilles, récolter, sinon le miel des bruyères, du moins celui du Luxembourg.

V

L'ORPHELINE, LA FRILEUSE

V

L'ORPHELINE, LA FRILEUSE.

Nous avons dit le plus facile, le plus doux à raconter, l'histoire de la créature privilégiée, pour qui sa mère a prévu, qui est nourrie, vêtue par elle. Mais beaucoup, le plus grand nombre, viennent nécessiteux, dépourvus. Ils tombent nus dans le vaste monde.

Pauvreté l'audacieuse, nécessité l'ingénieuse, le dur travail intérieur de la faim et du désir, les stimulent et développent les organes énergiques qui vont leur venir en aide.

Quels organes ? le grand Swammerdam, le martyr de la patience, les démêla le premier. D'un œil perçant, sur l'œuf éclos, sur ce fond douteux, obscur, il saisit les premiers linéaments de la vie, et en eux les caractères décisifs et profonds qui sont le mystère de l'insecte.

Il vit la petite bête, d'un corps mou, pousser en avant des mandibules ou mâchoires, organe arrêté, prononcé, placé au-devant de la bouche, destiné visiblement à nourrir et à défendre cet être si faible encore.

Derrière cet appareil actif, il vit sur les côtés du corps un autre appareil passif, une série de petites bouches ou soupapes qui attendaient l'air et s'ouvraient pour le recevoir (les stigmates).

Précautions ingénieuses. L'orphelin qui naît tout nu, qui, seul lancé dans la vie, doit subir sans protection les plus laborieuses métamorphoses, ne suffit à ce travail qu'autant que, dès le premier jour, il mange avidement, absorbe, dévore. Il doit manger partout, toujours, même dans l'air le moins respirable, dans les lieux malsains, mortels. Voilà pourquoi la nature lui donne une circulation et une respiration plus lentes, plus défiantes, si je puis ainsi parler, que celle des êtres supérieurs qui ne vivront que dans l'air pur. Chez ces êtres, comme chez l'homme, le sang va sans cesse à la rencontre de l'air pour s'y vivifier. Et chez l'insecte, au contraire, des appareils protecteurs qui gardent ses bouches latérales sont disposés de manière à pouvoir toujours modérer, tamiser, exclure, s'il le faut, l'air envahisseur. On trouve là une variété infinie de combinaisons pour le même but, je ne sais combien d'arts mécaniques, chimiques, des plus compliqués. On est terrassé de surprise. Recevoir sans recevoir, respirer sans respirer, rester maître dans une fonction qui, pourtant, doit être passive, se fier et se défier, se livrer et se garder, c'est le difficile problème que la vie se posait ici et auquel elle a trouvé d'innombrables solutions. Donner l'air à une chenille ! voilà, orgueilleux humains qui vous dites le centre des choses, l'effort le plus laborieux où s'est épuisé la nature.

Sa circulation ressemble à celle de l'embryon au sein de sa mère. Mais combien la condition de l'insecte est moins favorable ! Le fœtus est en contact fort médiat avec le monde par le doux milieu maternel. L'insecte embryon sans mère ne nage pas, comme l'autre, dans la mer de lait. Il est dans la rude matrice de la vie universelle ; il y chemine à grand péril, sur l'âpre terre, de choc en choc.

Les modernes l'ont reconnu, l'*insecte est un embryon*. Mais cela seul semble devoir le condamner à la mort. Quelle rude contradiction ! Un embryon lancé en pleine guerre, qui sera la proie de tous, des oiseaux, des insectes même ! Embryon armé, il est vrai. Rien de plus étrange que de voir les

molles chenilles brandir des mâchoires menaçantes,
tandis que leur faible corps, dépourvu de toute
défense, est exposé de tous côtés.

La fuite leur offre peu de chances. Ce qui les
protége le mieux, c'est la nuit. Donc, elles fuient la
lumière, elles vivent autant qu'elles peuvent sous
la terre, dans le bois, au moins sous la feuille. Si
cela est vrai des larves, des chenilles, de celles
qu'on appelle vers, on peut le dire de l'insecte. Car
son âge premier (celui de larve) dure longtemps,
et celui de nymphe, enfin son troisième âge, durent
généralement très-peu. Chez de nombreuses espèces (hannetons, cerfs-volants, etc.), trois ans, six
ans de vie ténébreuse sous la terre, et sous le soleil
trois mois.

Même les insectes qui vivent longtemps au soleil,
comme les abeilles et les fourmis, travaillent volontiers dans l'obscurité ; ils chérissent les ténèbres
de leurs ruches, de leurs fourmilières.

On le peut dire en général : *l'insecte est le fils de
la nuit.*

La plupart évitent le jour. Mais comment éviter
l'air ! Même dans les pays chauds, le contact de
l'atmosphère variable sur un corps nu et à vif,
dont l'épiderme ne s'est pas durci encore, est infiniment pénible. Dans nos climats sévères, chaque souffle d'air doit lui faire la sensation de perçantes petites

flèches, d'un million de fines aiguilles. Que serait-
ce, grand Dieu! pour un pauvre fœtus humain, de
sortir, à huit jours, quinze jours, du sein de sa
mère, et, au lieu d'y faire en paix les transformations qui le fortifient, de les subir nu, sous le ciel?
quelles seraient ses sensations en quittant son doux
abri et en tombant dans l'air froid ? Telles doivent
être celles de l'insecte, quand mou, faible, atta-
quable et pénétrable de partout, flottant presque
encore et gélatineux à l'œil, il subit le froid, le
vent, le choc de tant de choses rudes.

Certaines espèces velues sont un peu mieux
garanties. Certaines sont logées dans un fruit.
Quelques-unes (abeilles, fourmis) ont une société
protectrice. Pour l'immense majorité, l'insecte naît
seul et nu.

Quelques-uns de nos lecteurs, toujours bien vêtus, bien chauffés, diront, j'en suis sûr, que le froid
est une chose excellente qui réveille l'appétit, rend
plus fort, etc. Mais ceux qui ont été pauvres com-
prendront très-bien ce qu'on vient de dire. Pour
ma part, mes souvenirs d'enfance me disent que
le froid est proprement un supplice : nulle habitude
n'y fait ; la prolongation n'en rend pas l'effet plus
doux. Quelle joie intime (dans les rudes et nécessiteux hivers) je sentais à chaque dégel qui me tirait
de cet état agité, effaré, farouche, et m'amenait le

bienheureux rétablissement de l'harmonie intérieure !

Je ne conteste pas, du reste, que le froid ne soit
un puissant tonique qui éveille fortement l'esprit,
l'aiguise, et n'en puisse tirer des efforts d'invention.
Le froid, autant que la faim, et plus que la faim
peut-être, est le grand aiguillon des arts ; la faim
alanguit, le froid fortifie.

Il est l'inspirateur puissant des multitudes infinies de ces petites frileuses qui, en naissant, cherchent avant tout des moyens de se voiler. La nourriture ne manque pas ; la nature leur a préparé
partout un ample banquet. Tout le règne végétal,
l'animal en grande partie, sont là qui attendent ;
elles vivraient molles et paresseuses, comme l'enfant dort à son aise sur le placenta maternel qui
nourrit son oisiveté. Mais le froid leur cuit, le froid
humide les morfond et paralyse leurs entrailles,
enfin la lumière les blesse. Elles n'ont pas de repos
qu'elles ne se soient fait un abri. Au moindre degré
de la vie, la plus infime chenille est artiste, et par
le tissage, le filage, le découpage, a bientôt mis une
robe, et, comme une seconde peau sur sa trop sensible peau, couvert sa nudité souffrante. Heureuse
celle qui se trouve posée tout d'abord sur un terrain préparé, un drap de chaude laine, une bonne
fourrure, elle ne manque pas de se faire au plus

vite, dans notre habit, un joli paletot à sa taille, qu'elle laisse pourtant un peu flottant, comme font les mères économes aux jeunes enfants qui grandissent, et pour qui l'habit trop lâche aujourd'hui sera juste et collant demain.

Celles qui naissent en contact avec les froides et vertes feuilles, avec leurs glacis lustrés, sont plus industrieuses encore. Elles pratiquent des arts qui étonnent. Telles élèvent des masses énormes avec des câbles imperceptibles, par des procédés mécaniques analogues à ceux qu'on a employés pour enlever et dresser l'obélisque de la place de la Concorde. D'autres découpent des figures savamment irrégulières, que la couture adapte ensuite dans son ensemble harmonique.

Toutes les corporations d'industrie se retrouvent ainsi dans ce petit monde : tailleurs, tisseurs, feutreurs, fileurs, mineurs, etc. Et, dans chaque corporation, on découvre des espèces qui spécialisent encore à leur façon, par des procédés divers qui leur appartiennent en propre.

Les tailleurs coupent des patrons. Ils enlèvent sur la feuille une pièce convenable. Puis, ils la transportent sur une autre feuille, la faufilent, en taillent une seconde sur le premier modèle, et les cousent ensemble. Cela fait, de leurs têtes écailleuses ils aplatissent les nervures, comme le tailleur aplatit les coutures avec son fer. Puis, ils doublent de la plus fine soie cet habit qu'ils devront transporter avec eux.

D'autres travaillent en mosaïque, d'autres en marqueterie, en placage. Après avoir filé la robe, ils la dissimulent en y collant avec art des matières qui les entourent. Les aquatiques, par exemple, déguiseront leur robe avec de la mousse, des lentilles, des moules ou de petits limaçons.

Les mineurs font des galeries entre deux feuilles, y circulent, se ménagent dans leurs souterrains des entrées et des sorties.

Grand labeur. Mais il y a entre les espèces une justice admirable. Qui travaille enfant, agit peu adulte, et réciproquement. L'abeille qui, à l'état de larve, est grassement nourrie par ses parents, toujours voiturée, bercée, l'abeille aura une vie extrêmement laborieuse.

Au contraire, un autre insecte, qui, chenille, a fatigué, tissé, filé, n'aura rien à faire plus tard qu'à conter fleurette aux roses. C'est monsieur le papillon.

Pour la grande majorité, le dur travail est pour l'enfance, pour l'état de larve ou chenille. Travail double et violent. D'une part la recherche constante, urgente, exigeante, de la pâture que sollicite un immense besoin intérieur ; le besoin de se réparer et de se renouveler, de refaire les organes acquis et d'en préparer de nouveaux.

La vie de ces pauvres enfants sans mère est faite de deux choses sévères : le travail et la croissance par la maladie.

Les mues ne sont pas autre chose.

Le moment douloureux étant venu pour la petite bête de changer son vêtement, celui qui adhère à sa chair, elle se sent prise de malaise, abandonne sa feuille, et languissante se traîne en quelque lieu solitaire. A la voir ainsi molle, inerte, flétrie, si différente d'elle-même, vous diriez qu'elle va mourir. Et en effet beaucoup succombent dans cette crise laborieuse.

Passive, suspendue à quelque branche, elle attend que la nature fasse son œuvre, que son épiderme se détache de la seconde peau qui est au-dessous, appelant à elle seule les énergies de la vie.

C'est alors que l'on voit la robe, si brillante naguère, se dessécher, se durcir comme une chose désormais inutile qui va être emportée par le vent.

Mais pour qu'il cède et se rompe, il faut que la malade, malgré sa faiblesse, s'agite en tous sens, se torde, se gonfle, se contracte et fasse tous les actes d'un être en sa plus grande force.

Enfin elle a vaincu, le vieux fourreau éclate et je la vois qui s'en dégage toute baignée de sueur.

N'y touchez pas encore, le moindre contact la blesserait.. Elle le sent, ne bouge. Elle est pâle et comme en défaillance ; il faut qu'elle attende pour se remettre en marche que sa peau soit moins sensible et ses jambes affermies. Bientôt heureusement la nourriture la remettra ; un terrible appétit lui vient qui lui fait reprendre force, et la prépare encore à la mue. Tel est son sort. Elle est condamnée à s'enfanter toujours dans une série d'accouchements, jusqu'à ce quelle arrive enfin à sa transformation dernière.

Si l'effort ou la douleur lui donne une lueur de pensée, elle doit se dire à chaque mue : « Me voilà quitte !... j'ai fini, je serai tranquille, c'est mon dernier changement. » A quoi la Nature répond : « Pas encore ! et pas encore ! Tu ne t'es pas engendrée.... Qui es-tu ? rien qu'une *larve*, un masque qui va tomber. »

Quoi ! un masque qui veut et travaille, qui s'ingénie, souffre, qui semble parfois plus avancé que ne sera l'être qui doit en surgir ! Tant d'industrie, tant d'adresse dans une peau qui tout à l'heure doit sécher et voler au vent !

Quoi qu'il en soit, un matin, je ne sais quelle irritation, quelle inquiétude la saisit, un aiguillon mystérieux la pousse à un travail nouveau. On dirait qu'en elle, une autre *elle* se meut, s'agite, suit un

but tout tracé, et veut devenir.... quoi ? le sait-elle ?
on ne peut le dire, mais enfin vous la voyez agir,
se conduire sagement, tout comme si elle le savait.
Le pressentiment du sommeil qui va la gagner, la
paralyser, la livrer inerte à tout ses ennemis, lui
fait déployer tout à coup une activité nouvelle.
« Travaillons bien ! travaillons vite !... Ah ! que je
vais bien dormir ! »

VI

MÉTAMORPHOSE

LA MOMIE, NYMPHE OU CHRYSALIDE

VI

METAMORPHOSE.

LA MOMIE, NYMPHE OU CHRYSALIDE.

Respectons l'enfance du monde. Pardonnons aux premiers âges les consolations et les espérances qu'ils tirèrent du drame étrange que l'insecte représente, les pensées d'immortalité qu'y puisa la grave Égypte. Ce drame a calmé plus de cœurs, a essuyé plus de larmes que tous les mystères de Canope et les fêtes d'Éleusis.

Quand la veuve en deuil, l'éternelle Isis qui se reproduit sans cesse avec les mêmes douleurs, s'arrachait de son Osiris, elle reportait son espoir sur le scarabée sacré, et elle essuyait ses pleurs.

Qui est la mort? qui est la vie? qui est la veille ou le sommeil?... Ne voyez-vous pas ce petit miracle, confident muet du tombeau, qui nous joue le jeu de la destinée? Il dort dans l'œuf, et plus tard il dort encore dans la nymphe. Il naît trois fois, il meurt trois fois, comme larve, nymphe et scarabée. Dans chacune de ses existences, il est la larve ou le masque, la figure de l'existence suivante. Il se prépare, il s'enfante et il se couve lui-même. Du plus rebutant sépulcre il jaillit étincelant. Sur la poudre, il resplendit; sur la grise plaine d'Égypte, en son moment d'aridité, il brille, il éclipse tout. Dans son aile de pierreries se mire le tout-puissant soleil.

Où était-il? Dans l'ombre immonde, dans la nuit et dans la mort. Un Dieu a su l'évoquer. Il le fera bien encore pour cette âme aimée!... Doux rayon!... L'espoir fondé sur la justice, sur l'impartial amour du créateur de toute vie.

Donc, la veuve met près de son mort le brillant gage d'avenir, expression de ce cri de femme; « Dieux bons! faites pour lui et pour moi ce que vous faites à l'insecte; n'accordez pas moins à l'homme, n'accordez à mon bien-aimé pas moins que vous ne donnez à ce frère du moucheron! »

La science moderne a-t-elle brisé cette antique

poésie ? a-t-elle tout à fait ramené le miracle à la nature ?

L'inaugurateur de cette science, Swammerdam, a trouvé que la chenille contenait déjà la nymphe; bien plus, le papillon même. Dans la chenille il a surpris l'aile ébauchée, la trompe de cet être à venir.

Ce n'est pas tout, Malpighi vit la *nymphe* du ver à soie dans son sommeil virginal, *déjà pourvue des attributs de sa maternité future*, contenant les œufs que, papillon, elle doit féconder.

Et ce n'est pas tout encore. Réaumur, dans la chenille du chêne (t. I, p. 360), *dans une chenille âgée à peine de quelques heures, trouva les œufs du futur papillon.* C'est-à-dire que l'insecte enfant, à cet état où la chenille n'est elle-même qu'un œuf mobile (Harvey), cet enfant, cet œuf mobile, contenait des enfants, des œufs.

C'est l'identité des trois êtres. Plus de morts intermédiaires, ce semble; une seule vie continue.

Tout semble clair, n'est-il pas vrai ? Le mystère antique a péri ? L'homme a vu, dans sa plénitude, le secret des choses ?

Réaumur ne le pense pas; Réaumur lui-même, qui nous a menés si loin. En donnant ses observations, il ne paraît pas satisfait et avoue « qu'elles laisseront encore beaucoup à désirer. » (T. I, p. 351.)

Il y a, en effet, de quoi confondre, effrayer l'imagination, à songer qu'une chenille, d'abord de la grosseur d'un fil, renferme tous les éléments de ses mues, de ses métamorphoses ; qu'elle contient ses enveloppes en nombre triple, et même octuple ; de plus le fourreau de sa nymphe, et son papillon complet, le tout replié l'un dans l'autre, avec un appareil immense de vaisseaux pour respirer, digérer, de nerfs pour sentir, de muscles pour se mouvoir ! Prodigieuse anatomie ! suivie pour la première fois en détail complet dans l'ouvrage colossal de Lyonnet sur la *Chenille du saule* (un vol. in-folio). Ce monstre double, doué d'un fort estomac de chenille pour détruire tant de feuilles dures, aura tout à l'heure un léger et fin appareil pour baiser le miel des fleurs. La bête velue, qui contient toute une manufacture de soie, va annuler tout à l'heure ce système compliqué, etc., etc.

On sait les doux ménagements par lesquels la nature fait passer le petit des animaux supérieurs de sa vie embryonnaire à la vie indépendante, appropriant d'anciens organes à des ouvrages nouveaux. Ici, ce n'est pas cela. Ce n'est pas un simple changement d'état. La destination n'est pas différente seulement, mais contraire, dans un contraste violent. Donc, il faut des instruments de vie tout nouveaux, et l'abolition, le sacrifice définitif de l'organisme primitif.

La révolution si bien cachée pour les autres êtres ici est à nu. Plusieurs chenilles qui se changent en pleine lumière, et suspendues à un arbre par un petit câble de soie, nous permettent de voir de près, de nos yeux, ce prodigieux tour de force.

Effort digne d'admiration et de pitié! que cette nymphe, courte, faible, molle et gélatineuse, sans bras ni pattes, par la seule adresse qu'elle met à dilater et contracter ses anneaux, parvienne à se dégager de la lourde et rude machine qui fut elle, qu'elle parvienne à jeter là ses jambes, à se délivrer de sa tête, et, ce qu'on ose à peine dire, à tirer d'elle et rejeter plusieurs de ses grands organes intérieurs!

Cette petite masse, échappée ainsi du long masque pesant (qui tout à l'heure vivait pourtant d'une vie si énergique), le laisse pendiller, sécher, et remonte habilement jusqu'à l'attache de soie. Là elle va se fixer en son nouveau *moi* de nymphe, tandis que son ancien *moi*, battu du vent, va bientôt s'envoler je ne sais où.

Tout est et doit être changé. *Les jambes ne seront pas les jambes.* Il en faut de toutes légères. Que voudriez-vous que le fils de l'air, qui posera à peine à la pointe des herbes, fît de ces grosses courtes pattes, armées de crochets, de ventouses et de tant d'outils pesants?

La tête ne sera pas la tête, du moins l'énorme appareil des mandibules disparaît, et derrière, celui des muscles qui les ont tant agitées. Tout cela jeté avec le masque. Chose énorme ! de masticateur, l'animal devient suceur. Une trompe flexible surgit.

Si quelque chose paraissait fondamental dans la chenille, c'était l'appareil digestif. Eh bien ! cette base de son être n'est plus ! Gosier absorbant, puissant estomac, avides entrailles, tout cela est *supprimé*, ou presque réduit à rien. Qu'en ferait l'être nouveau qui, dans certaines espèces de papillons, est dispensé d'aliments, n'a de bouche que par agrément, si bien affranchi de la digestion que souvent il n'a pas même d'ouverture inférieure ? Il quitte sans difficulté un meuble désormais inutile, expectore la peau de son estomac !

Cela est grand et magnifique, et nul spectacle plus grand ! que la vie puisse à ce point changer, dominer les organes, qu'elle surnage victorieuse, tellement libre de l'ancien *moi !*... A ceux qui nous ont révélé ce prodige de transfiguration, du fond du cœur je dis : « Merci ! »

Quelle sécurité merveilleuse dans cet être qui quitte tout, qui laisse là sans hésiter sa forte et solide existence, l'organisme compliqué qui fut *lui* tout à l'heure, sa propre personne ! On dit sa *larve*, son masque; mais pourquoi? La personnalité semble au moins aussi énergique dans la chenille vigoureuse que dans le papillon si mou. Donc, c'est bien réellement son être personnel qu'elle laisse courageusement sécher, s'anéantir, pour devenir quoi? rien de rassurant, une courte masse molle, blanchâtre. Ouvrez la nymphe peu après qu'elle a filé; dans son linceul vous ne trouvez qu'une sorte de fluide laiteux, où rien n'apparaît, à peine de douteux linéaments qu'on voit ou que l'on croit voir. Dans quelque temps, vous pourrez, avec une fine aiguille, isoler ces je ne sais quoi, et vous figurer que ce sont les membres du futur papillon. Lacune effrayante. Il y a (pour beaucoup d'espèces) un moment où rien de l'ancien ne paraît plus, où rien du nouveau ne paraît encore. Quand Éson, taillé en pièces, fut mis, pour le rajeunir, dans le chaudron de Médée, vous auriez, en fouillant là, trouvé les membres d'Éson. Mais ici, rien de pareil.

Confiante, cependant, la momie s'entoure de ses bandelettes, acceptant docilement les ténèbres, l'inertie, la captivité du sépulcre. Elle sent une force en elle, et une raison d'être, une cause de vivre encore, *causa vivendi*. Et quelle cause? quelle raison? la vitalité amassée par son travail antérieur. Tout ce qu'elle a, comme chenille laborieuse, accumulé, c'est son obstacle à la mort, son impuissance de périr, ce qui fait que tout à l'heure elle doit non seulement vivre, mais d'une vie douce et légère, dont la facilité est proportionnée précisément aux efforts qu'elle fit dans l'existence antérieure.

Admirable compensation!... En plongeant si bas dans la vie, je croyais y rencontrer les fatalités physiques. Et j'y trouve la justice, l'immortalité, l'espérance.

Oui, l'antiquité eut raison, et la science moderne a raison. C'est mort, et ce n'est pas mort; c'est, si l'on veut, mort partielle. Et la mort est-elle jamais autrement? N'est-elle pas une naissance?

A mesure que j'ai vécu, j'ai remarqué que chaque jour je mourais et je naissais; j'ai subi des mues pénibles, des transformations laborieuses. Une de plus ne m'étonne pas. J'ai passé mainte et mainte fois de la larve à la chrysalide et à un état plus complet, lequel, au bout de quelque temps, incomplet sous d'autres rapports, me mettait en voie d'accomplir un cercle nouveau de métamorphoses.

Tout cela de moi à moi, mais non moins de moi à ceux qui furent encore moi, qui m'aimèrent, me voulurent, me firent, ou bien que j'aimai, que je fis. Eux aussi, ils ont été ou seront mes métamorphoses. Parfois, telle intonation, tel geste que je surprends en moi, me fait écrier : « Ah ! ceci, c'est un geste de mon père! » Je ne l'avais pas prévu, et, si je l'avais prévu, cela ne se fût pas fait; la réflexion eût tout changé; mais, n'y pensant pas, je l'ai fait. Une émotion attendrie, un élan sacré me saisit de sentir mon père si vivant en moi. Sommes-nous deux? Fûmes-nous un?... Oh! il fut ma chrysalide. Moi, je joue le même rôle pour ceux qui viendront demain, mes fils ou fils de ma pensée. Je sais, je sens qu'outre le fonds que je tenais de mon père, de mes pères et maîtres, outre l'héritage d'artiste-historien que d'autres prendront de moi, des germes existaient chez moi qui ne furent point développés. Un autre homme, et meilleur peut-être, fut en moi, qui n'a pas surgi. Pourquoi des germes supérieurs qui m'auraient fait grand, pourquoi des ailes puissantes que parfois je me suis senties, ne se sont-ils pas déployés dans la vie et l'action?

Ces germes ajournés me restent. Tard pour cette vie peut-être; mais pour une autre, qui sait?

Un philosophe ingénieux a dit : Si l'embryon de l'homme, prisonnier au sein maternel, pouvait raisonner, ne dirait-il pas : « Je me vois pourvu d'or-« ganes qui ne me servent guère ici, de jambes pour « ne pas marcher, d'estomac, de dents pour ne pas « manger. Patience! ces organes me disent que la « nature m'appelle ailleurs; un temps viendra, et

« j'aurai un autre séjour, une vie où tous ces outils
« trouveront emploi.... Ils chôment, ils attendent
« encore!... Je ne suis d'un homme que la chrysa-
« lide. »

VII

LE PHÉNIX

VII

LE PHÉNIX.

Le coup de théâtre est complet. De la momie grise ou noirâtre qui se sèche et s'accourcit, vous voyez l'être nouveau, le ressuscité, le phénix, s'arracher et resplendir dans tout l'éclat de la jeunesse.

De sorte qu'à l'envers de nous, qui commençons par les beaux jours et semblons d'abord papillons, pour traîner plus tard et languir, lui commence par les années sombres, et d'une longue vie obscure il surgit à la jeunesse où il meurt glorifié.

Assistons à ce départ. Le souffle tiède du printemps a éveillé les végétaux ; son banquet est préparé. Plus d'une fleur l'attend et sécrète son miel. Il tarde.... C'est qu'aujourd'hui cette enveloppe impénétrable qui faisait sa sûreté fait un moment son obstacle. Faible, fatigué d'une si grande transformation, comment percera-t-il ce trop solide berceau qui risque de l'étouffer?

Il est des espèces (les fourmis, par exemple) où la difficulté est telle que le captif n'arriverait jamais peut-être à s'élargir sans le travail secourable de quelqu'un qui du dehors s'efforce de le tirer de là, de l'accoucher pour ainsi dire, de l'arracher de ce maillot obstiné qui l'emprisonne. Heureuse difficulté qui crée le lien des deux âges, attache la libératrice à cet enfant délivré, commence l'éducation et la société elle-même!

Mais, chez la plupart des insectes, la libératrice n'est autre que la Nature. Cette mère, inépuisable de tendresse et d'invention, donne au petit la clef magique qui va ouvrir la barrière, percer la prison, l'introduire au jour de la liberté.

« Quelle clef?... Et comment, direz-vous, cet être mou, peu consistant, va-t-il avoir prise et mordre sur un tissu ferme et serré, doublé parfois et muré par les alluvions pluviales pendant le cours d'un long hiver? »

Nous voilà bien embarrassé: mais la Nature ne l'est pas. De petits moyens tout simples lui suffisent; elle élude la difficulté, s'en joue. Le papillon du bombyx, par exemple, au moment critique, trouve une lime; où? dans son œil! Cet œil à facettes, d'une fine pointe de diamant, lime et coupe sa prison de soie.

Un autre (c'est le hanneton), enfermé sous terre, se trouve tout à coup ce jour-là un parfait mécanicien. De lui-même, de tout son corps, il fait un levier. Son extrémité postérieure se trouve justement être un pic, une forte pointe. Il l'enfonce solidement, s'ancre, s'affermit. De ce point d'appui il tire une force énorme, et de ses épaules robustes il soulève la motte pesante, l'élargit, trouve enfin le jour, étend son lourd appareil et d'ailes et de fourreaux d'ailes, et vole comme un hanneton.

Un autre mineur difforme, la courtilière ou grillon-taupe, n'atteindrait jamais la surface, si, pour remonter du fond de la terre, il n'avait deux énormes mains, ou plutôt deux puissants râteaux qui ouvrent sa voie. Pour être laid, il n'en est pas moins ému du printemps, pas moins amoureux. Mais il a la précaution de ne hasarder sa figure étrange qu'aux rayons douteux de la lune. Son cri plaintif touche celle à qui il s'adresse; elle y cède, elle apparaît, mais pour rentrer dans la nuit et confier à l'ombre protectrice l'espoir de sa postérité.

Un frêle insecte aquatique, le cousin, dans ce grand jour, prend le rôle audacieux de navigateur.

Son enveloppe délaissée lui sert encore, et c'est sa barque. Il s'y pose, s'y dresse, étend pour voiles ses ailes nouvelles, vogue, et bien souvent sans naufrage aborde à la rive, où séchées, les mêmes ailes le porteront à la chasse et au plaisir. En une heure, il apparaît maître en tous ces arts nouveaux. C'est le propre de l'amour de savoir sans avoir appris.

L'amour est ailé. La mythologie a parfaitement raison. Cela se vérifie au sens propre et sans métaphore. Dans ce court moment, la nature témoigne d'une force impatiente pour voler vers l'objet aimé. Tous s'élèvent au-dessus d'eux-mêmes, tous montent vers la lumière, tous cherchent, sur l'aile du désir. Le feu du dedans se révèle aussi en charmantes couleurs. Chacun se pare, chacun veut plaire.

Le papillon, des grands yeux veloutés qui ornent ses ailes, a l'air de vous regarder. Les scarabées de tout genre, comme des pierres mobiles, étonnent de leurs ardents reflets, de leur vivacité brûlante. Enfin du sein des ténèbres, elle-même, nue et sans voile, en étoiles scintillantes, éclate la flamme d'amour.

Il se fait en ce moment des transfigurations étranges, et des masques les plus humbles sortent, en contrastes violents, telles personnalités superbes.

Une larve obscure des marais, inerte, ne vivant que par ruse, devient la brillante amazone, la svelte

guerrière ailée qu'on appelle Demoiselle (libellula).
C'est le seul être de ce genre qui exprime la complète liberté du vol, étant parmi les insectes ce
qu'est l'hirondelle parmi les oiseaux. Qui ne l'a suivie des yeux, dans ses mille mouvements variés,
dans ses tours, détours, retours, dans les cercles
infinis qu'elle fait, de ses ailes bleues, vertes, sur la
prairie ou sur les eaux? Vol capricieux en apparence : mais point du tout, c'est une chasse, une élégante et rapide extermination de milliers d'insectes. Ce qui vous paraît un jeu, c'est l'absorption
avide dont ce brillant être de guerre alimente sa
saison d'amour.

Ne croyez pas que ces richesses soient de purs
dons des beaux climats, que ces brillants habits de
bal qu'ils prennent pour aimer et mourir soient un
simple regard du soleil, le tout-puissant décorateur,
qui de ses rayons cuirait les émaux, les pierreries que nous admirons sur leurs ailes. Un autre
soleil encore qui luit pour toute la terre, jusque
dans les frimas du pôle, l'amour, y fait bien davantage. Il exalte en eux la vie intérieure, évoque
toutes leurs puissances, et, au jour donné, en fait
jaillir la suprême fleur. Ces étincelantes couleurs,
ce sont leurs énergies visibles qui deviennent par-
lantes, éloquentes. C'est l'orgueil d'une vie complète qui, ayant atteint son sommet, s'y étale et y

triomphe, qui veut s'épandre et se donner; c'est la tradition du désir, la prière impérieuse, le pressant appel aux objets aimés.

Dans les climats moyens et pâles, vous trouverez ces livrées brillantes qu'on croirait celles des tropiques. Qui n'a vu, sous notre ciel terne et indécis, étinceler la cantharide? Même aux plus mornes déserts où l'été n'est qu'un instant, comme pour faire dépit au soleil, dépit à la terre nue et pauvre, l'amour suscite des êtres d'une splendeur somptueuse, opulents d'habits, de parure. La misérable Sibérie voit tout à coup se promener des princes et des grands seigneurs dans le peuple insecte. Le tyrannique climat de la Russie n'empêche pas d'énormes carabes, impitoyables chasseurs, plus fiers qu'Iwan le Terrible, de se décorer de maroquin vert, noir, violet ou bleu foncé, à reflets de noirs saphirs. Quelques-uns même, usurpant les vieilles chapes consacrées des czars et des Porphyrogénètes, se pavanent sous la pourpre, liserée d'or byzantin.

Dans nos Sibéries voisines, je parle de nos hautes montagnes, sous la grêle, par exemple, des glaciers pyrénéens, sans se décourager par des coups si rudes, volent encore de nobles insectes, d'exquise parure, la rosalie en manteau de satin gris perle, moucheté de velours noir.

Aux hautes Alpes, au Grindelwald, à la redoutable

descente où ce glacier vient à nous, où vous touchez
ses aiguilles, où son souffle aigre vous transit, j'admirai une timide mais touchante protestation de l'a-
mour. Parmi quelques maigres bouleaux, arbres
martyrs qui subissent une flagellation éternelle, une
pauvre petite plante, élégante et délicate, s'obstinait
encore à fleurir; fleur rose, mais d'un rose violet, et
digne de ces lugubres lieux. Le frère de cette tragique rose est un très-petit insecte qui monte, tout
faible qu'il est, plus que toutes les espèces, et qu'on
trouve grelottant encore aux grandes neiges du
Mont-Blanc. Là, on ne voit plus que le ciel, et dessous, le vaste linceul. La poétique créature a pris justement les deux teintes: le bleu céleste de ses ailes,
d'incroyable délicatesse, semble lustré légèrement
de la blanche poudre des frimas. Les tempêtes et
les avalanches qui renversent les rochers ne lui font
pas peur. Sous le souffle du géant terrible, dans sa
barbe hérissée de glace et dans son redouté sourcil,
il vole hardiment, le petit, imaginant apparemment
que ce roi des éternels hivers hésitera à détruire la
dernière fleur ailée d'amour qui, dans son empire
de la mort, lui conserve un reflet du ciel.

LIVRE DEUXIÈME

DE LA MISSION ET DES ARTS DE L'INSECTE

VIII

SWAMMERDAM

VIII

SWAMMERDAM.

Que savait-on de l'infini, avant 1600 ? rien du
tout. Rien de l'infiniment grand ; rien de l'infiniment petit. La page célèbre de Pascal, tant citée sur
ce sujet, est l'étonnement naïf de l'humanité si
vieille et si jeune, qui commence à s'apercevoir de
sa prodigieuse ignorance, ouvre enfin les yeux au
réel et s'éveille entre deux abîmes.

Personne n'ignore qu'en 1610, Galilée, ayant
reçu de Hollande le verre grossissant, construisit
le télescope, le braqua et vit le ciel. Mais on sait
moins communément que Swammerdam, s'empa-
rant avec génie du microscope ébauché, le tourna
en bas, et le premier entrevit l'infini vivant,

le monde des atômes animés ! Ils se succèdent.
A l'époque où meurt le grand Italien (1632),
naît ce Hollandais, le Galilée de l'infiniment petit (1637).

Prodigieuse révolution. L'abîme de la vie apparut dans sa profondeur avec des milliards de milliards d'êtres inconnus et d'organisations bizarres
qu'on n'eût même osé rêver. Mais le plus fort,
c'est que la méthode même des sciences se trouvait
changée ! Jusque-là nous comptions sur nos sens.
L'observation la plus sévère invoquait leur témoi-
gnage, et croyait qu'on ne pouvait appeler de leur
jugement. Mais voici que l'expérience et les sens
même, rectifiés par un puissant auxiliaire, avouent
que non-seulement ils nous ont caché la plupart
des choses, mais que, sur ce qu'ils ont montré, à
chaque instant ils ont trompé.

Rien de plus curieux que d'observer les impressions toutes contraires que les deux révolutions
firent sur leurs auteurs. Galilée, devant l'infini du
ciel, où tout paraît harmonique et merveilleusement calculé, a plus de joie que de surprise encore ;
il annonce la chose à l'Europe dans le style le plus
enjoué. Swammerdam, devant l'infini du monde
microscopique, paraît saisi de terreur. Il recule devant le gouffre de la nature en combat, se dévorant
elle-même. Il se trouble ; il semble craindre que

toutes ses idées, ses croyances, n'en soient ébranlées. État bizarre, mélancolique, qui, avec ses grands travaux, abrége ses jours. Arrêtons-nous quelque peu sur ce créateur de la science, qui en fut aussi le martyr.

Le grand médecin Boerhaave, qui, cent ans après Swammerdam, publia avec un soin pieux sa *Bible de la nature*, dit un mot surprenant et qui fait rêver : « Il eut une ardente imagination de tristesse passionnée qui le portait au sublime. » Ainsi ce maître des maîtres dans les choses de patience, insatiable observateur du plus minutieux détail, qui poursuivit la nature si loin dans l'imperceptible, c'était une âme poétique, un homme d'imagination, un de ces mélancoliques qui veulent l'infini, rien de moins, et meurent de l'avoir manqué.

Association remarquable de dons, qui, au premier coup d'œil, semblent opposés : l'amour du grand et le goût des recherches les plus délicates, la sublimité de tendance et l'analyse obstinée qui voudrait diviser l'atome et ne dit jamais assez. Mais, dans la réalité, ces dons sont-ils si contraires ? nullement. Celui qui a le cœur amoureux de la Nature dira qu'ils vont bien ensemble. Rien de grand et rien de petit. Pour qui aime, un simple cheveu vaut autant, souvent plus, qu'un monde.

Il naquit dans un cabinet d'histoire naturelle
(1637). Cela fit sa destinée. Ce cabinet, formé par
son père, apothicaire d'Amsterdam, était un péle-
mêle, un chaos. L'enfant voulut le ranger et en
faire un catalogue. Cette modeste ambition le mena
de proche en proche à devenir le plus grand naturaliste du siècle.

Son père était un de ces zélés collecteurs, comme
on commençait à en voir en Hollande, thésauri-
seurs insatiables de diverses raretés. Ce n'était
pas de tableaux (quoique Rembrandt fût dans sa
gloire), ce n'était pas d'antiquités que celui-ci rem-
plissait sa maison. Mais tout ce que les vaisseaux
pouvaient rapporter des deux Indes en minéraux,
plantes, animaux bizarres et extraordinaires, il
l'acquérait à tout prix, l'entassait. Ces merveilles
du monde inconnu, en contraste par leur éclat,
leur magnificence tropicale, avec le terne climat
qui les recevait et la pâle mer du Nord, troublèrent le jeune Hollandais d'une vive curiosité
de je ne sais quelle dévotion passionnée de la
Nature.

Un fort bon peintre hollandais a fait un charmant tableau du jeune Grotius, savant universel à
douze ans, entouré d'in-folio, de cartes, de mappe-
mondes, de tous les moyens de l'érudition. Combien j'aurais mieux aimé que ce peintre ou plutôt

Rembrandt, le tout-puissant magicien, nous eût montré le cabinet mystérieux, ce brillant chaos des trois règnes, et le jeune Swammerdam aux prises avec la grande énigme !

La foule, le mouvement prodigieux d'Amsterdam, favorisaient sa solitude. Ces Babylones du commerce sont pour le penseur de profonds déserts. Dans ce muet océan d'hommes d'une activité mercantile, au bord des canaux dormants, il vivait à peu près comme Robinson dans son île. Isolé dans sa famille même qui ne le comprenait guère, il sortait peu du cabinet, et descendait le moins possible dans la boutique paternelle.

Toute sa récréation était d'aller chercher des insectes dans ce peu de terre qu'offre la Hollande, hors des eaux. Les prairies mélancoliques, couvertes des troupeaux de Paul Potter, ont, l'été, dans leur chaleur humide, une grande variété de vie animale. Le voyageur en est frappé quand il voit la grue, la cigogne, le corbeau, ailleurs ennemis, que la nourriture abondante réconcilie ici parfaitement et qui la cherchent ensemble en bonne intelligence. Cela donne au paysage un charme particulier. Les bestiaux y ont un air de sécurité placide qu'on ne trouve guère ailleurs. L'été est court, et de bonne heure prend la gravité de l'automne. Homme et nature, tout y paraît pa-

cifique, harmonisé dans une grande douceur morale
et dans un grand sérieux.

Tout collecteur qu'était son père, il s'affligeait de
voir la jeunesse de Swammerdam se passer ainsi.
Il eût voulu faire de son fils un honorable ministre
qui brillât dans la controverse, un éloquent prédi-
cateur. Et l'enfant, de plus en plus, semblait devenir muet. Le père, chagrin, de la gloire se rabattit
à l'argent. Dans cette capitale de l'or, si fiévreuse
et si maladive, nulle carrière plus lucrative que
celle de médecin. Là, obstacle tout contraire,
Swammerdam entra de grand cœur dans les études
médicales, mais à condition de les créer ; elles
n'existaient pas encore. Or, la base sur laquelle il
eût voulu les placer, c'était la création préalable
des sciences naturelles. Comment guérir l'homme
malade sans connaître l'homme en santé ? et celui-
ci, le connaît-on sans étudier à côté les animaux
inférieurs qui le traduisent et l'expliquent ? Ces
mystères si délicats, le voit-on bien avec ses yeux ?
La faiblesse de ce sens ne nous donne-t-elle pas
le change ? La création sérieuse de la science sup-
posait une réforme de nos sens et la création de
l'optique.

Véritable création. Regardez le microscope. Est-ce
une simple lunette ? Aux yeux qu'avait l'instrument,
Swammerdam ajouta des bras, dont l'un porte

le verre et l'autre objet. Lui-même, il dit, en parlant
d'une recherche des plus difficiles, « qu'il avait essayé de se faire aider d'une autre personne, mais
que ce secours fait obstacle. » C'est alors qu'il orga-
nisa ce muet homme de cuivre, discret serviteur qui
se prête à tout. Grâce à lui, l'observateur dispose de
mains supplémentaires et de plusieurs yeux de force
différente. De même que les oiseaux font leurs yeux
grands ou petits, plus renflés ou moins renflés, pour
voir en gros des ensembles, ou percer d'un fin regard le menu détail, Swammerdam créa la méthode
du grossissement successif, l'art d'employer des
verres de grandeur diverse et de diverse courbure,
qui permettent et de voir en masse et d'étudier
chaque partie, enfin de revoir l'ensemble pour remettre les parties en place et reconstituer l'harmonie totale.

Était-ce tout ? Non ; pour observer les choses
mortes il faut du temps : mais le temps nous vole
ces choses. La mort, qui semble se prêter à l'étude
par son immobilité, est trompeuse ; elle fixe un moment le masque, et l'objet fond en dessous. Nouvelle
création de Swammerdam. Non-seulement il ensei-
gna à voir et à regarder, mais il trouva des moyens
pour qu'on pût regarder toujours. Par des injec-
tions conservatrices il fixa ces choses éphémères,
obligea le temps de faire halte et força la mort de

durer. Le czar Pierre, qui, longtemps après, vit chez un de ses disciples le corps charmant, souple et frais, d'un petit enfant avec sa belle carnation, crut que cette rose était vivante, et ne put s'empêcher de l'embrasser.

Tout cela est bientôt dit : mais que ce fut long à faire ! Que d'essais ! quels miracles de patience, de délicatesse, de ménagements habiles ! A mesure surtout qu'on descend l'échelle de la petitesse, l'insuffisance de nos moyens entrave de plus en plus. Nous ne touchons guère sans briser. Nos doigts énormes ne prennent plus ; ils font l'ombre, ils font obstacle. Nos instruments sont grossiers pour opérer sur ces atomes ; nous les affinons ; mais alors comment mettre la pointe invisible dans un invisible objet? Les deux termes en présence nous fuient.... La passion seule, l'invincible amour de la vie et de la nature, le dirai-je, je ne sais quelle tendresse, une sensibilité féminine (dans un mâle génie scientifique), pouvaient en venir à bout. Notre Hollandais aimait ces petits êtres. Il craignait tant de les blesser qu'il leur épargnait le scalpel ; il évitait tant qu'il pouvait l'acier et préférait l'ivoire, si ferme, mais pourtant si doux ! Il en faisait d'infiniment petites aiguilles aiguisées au microscope, lesquelles ne pouvaient aller vite et l'obligeaient d'observer lentement.

Ce respect pour la Nature, cette tendresse, eurent
d'elle leur récompense. Très-jeune et simple étudiant
à l'université de Leyde, il eut sur elle deux prises
profondes au plus haut et au plus bas. Le premier
il vit et comprit la maternité humaine et la maternité de l'insecte. J'écarte le premier sujet, si délicat et si grand, où il fut en concurrence avec ses
maîtres de Leyde. Insistons sur le second. Il dis-
séqua, décrivit les ovaires de l'abeille, les trouva
dans le prétendu roi, et montra que c'était une
reine ou plutôt une mère. Il expliqua de même la
maternité de la fourmi. Découverte capitale qui
donna le vrai mystère de l'insecte supérieur, nous
initia au caractère réel de ces sociétés, qui ne sont
point des monarchies, mais des républiques maternelles et de vastes berceaux publics dont chacun
élève un peuple.

Le fait le plus général de la vie des insectes,
la haute loi de leur existence, c'est la *métamorphose.*
Les changements, obscurs chez les autres êtres,
sont très-saillants chez ceux-ci. Les trois âges de
l'insecte paraissaient trois êtres. Qui eût osé soutenir que la chenille, avec ce luxe pesant d'organes
digestifs qu'elle traîne et ses grosses pattes velues,
fût même chose qu'un être ailé, éthéré, le papillon ?

Il osa dire, et montra par la plus fine anatomie,

que chenilles, nymphes et papillons, c'étaient trois
états du même être, trois évolutions naturelles et
légitimes de sa vie.

Comment l'Europe savante accueillerait-elle cette
science nouvelle des métamorphoses? C'était la
question. Swammerdam, jeune et sans autorité,
sans position d'académie ou d'université, vivait dans
son cabinet. Presque rien, de son vivant, ne fut
publié de lui, ni même cinquante ans après lui, de
sorte que ses découvertes purent circuler, profiter
à tous, plus qu'à lui et à sa gloire.

La Hollande resta froide. Des professeurs éminents
de l'université de Leyde étaient contre lui et trouvaient mauvais que ce simple étudiant se plaçât par
ses découvertes à côté d'eux ou au-dessus.

La situation misérable et nécessiteuse où le laissait son père n'était pas faite non plus pour le recommander beaucoup en ce pays. Dans ses travaux
assez coûteux, il était soutenu par la générosité de
ses amis. A Leyde, c'était son professeur d'anatomie, Van Horn, qui en faisait tous les frais.

Deux académies illustres allaient se former, la
Société de Londres et notre Académie des sciences.
Mais la première, spécialement inspirée du génie
d'Harvey, élève de Padoue, regardait vers l'Italie;
elle adressait ses questions au très-grand et très-
exact observateur Malpighi, qui donna, à sa prière,

l'anatomie du ver à soie. J'ignore pourquoi ces Anglais se détournaient de la Hollande, et n'interrogèrent pas aussi le génie de Swammerdam.

Il ne fut accueilli qu'en France. C'est ici, près de
Paris, qu'il fit la première démonstration publique
de sa découverte. Son ami Thévenot, le célèbre
voyageur et publicateur de voyages, réunissait chez
lui, à Issy, diverses classes de savants, linguistes,
orientalistes, et surtout comme on disait alors, les
curieux de la nature. Ce fut la première origine de
notre Académie des sciences. On peut dire que la
révélation du grand Hollandais a inauguré son
berceau.

Un Français avait sauvé de l'inquisition les derniers manuscrits de Galilée. Un Français encore,
Thévenot, soutint Swammerdam de sa bourse et
de son crédit. Il eût voulu le fixer à Paris. Et
d'autre part, le grand-duc de Toscane l'appelait à
Florence. Mais le sort de Galilée parlait assez haut.
Même en France, il y avait peu de sûreté. Le mystique Morin fut brûlé à Paris, en 1664, l'année où
Molière joua les premiers actes du *Tartufe*. Swammerdam, qui justement y était alors, put assister
aux deux spectacles.

Lui-même, si positif, il se trouvait avoir des tendances singulières au mysticisme. Plus il entrait
dans le détail, plus il eût voulu remonter à la

source générale de l'amour et de la vie. Effort impuissant qui le consumait. Dès l'âge de trente-deux ans, l'excès du travail, le chagrin, la mélancolie religieuse, le menaient déjà à la mort. Il avait eu de bonne heure les fièvres, si générales dans ce pays de marais, et il ne les ménageait guère. Il observait au microscope chaque jour, de six heures à midi ; le reste du temps il écrivait. Et pour ces observations, il cherchait de préférence les jours d'été de forte lumière et de grand soleil ; il y restait tête nue, pour ne pas perdre le moindre rayon, « souvent jusqu'à être inondé, trempé de sueur. » Sa vue se fatiguait fort.

Il était déjà en cet état en 1669, quand il publia dans un premier essai le principe de la métamorphose des insectes. Il était sûr d'être immortel, mais d'autant plus en péril de mourir de faim. Son père lui retira désormais toute assistance. Swammerdam, par ses découvertes (vaisseaux lymphatiques, hernies, etc.), avait très-directement avancé la médecine et même la chirurgie, mais il n'était pas médecin. Il avait, par obéissance, essayé de pratiquer ; il ne put continuer et en fit une maladie. Le foyer même lui manqua. Son père ferma la maison, se retira chez son gendre, lui dit de se pourvoir ailleurs et de loger où il pourrait. Un ami riche l'avait souvent prié, supplié de venir demeurer chez lui.

Expulsé de la maison paternelle, Swammerdam fit l'effort d'aller chez l'ami et de lui rappeler ses offres; mais il ne s'en souvint plus.

Tous les malheurs fondaient sur lui. Pauvre, malade, traînant sur le pavé d'Amsterdam, avec une grosse collection qu'il ne savait où loger, il reçut encore un épouvantable coup, la ruine de son pays.... La terre lui manqua sous les pieds.

C'était la funèbre année 1672, où la Hollande parut anéantie sous l'invasion de Louis XIV. Elle n'avait pas, certes, cette patrie, gâté Swammerdam. Mais enfin, c'était la terre natale de la science, de la libre raison, l'asile de la pensée humaine. Et voilà qu'elle s'enfonce engloutie des armées françaises, engloutie de l'Océan qu'elle-même appelle à son secours. Elle ne survit qu'en se tuant ! Survit-elle ? Elle ne sera plus dès lors que l'ombre d'elle-même.

La mélancolie infinie d'un tel changement a eu son peintre et son poëte dans Ruysdaël, qui naît et meurt précisément au temps de Swammerdam, et, comme lui, meurt à quarante ans. Lorsque je contemple au Louvre les tableaux inestimables que possède de lui le musée, l'un me fait penser à l'autre. Le petit homme qui suit le triste sentier des dunes à l'approche de l'orage me rappelle mon

chasseur d'insectes ; et la marine sublime de l'esta-
cade aux eaux rousses, battues si terriblement,
électrisées de la tempête, semble une expression
dramatique de ces tempêtes morales qu'eut le
pauvre Swammerdam quand il écrivait *l'Éphémère*
« parmi les larmes et les sanglots. »

L'*éphémère* est cette mouche qui naît juste pour
mourir, vit une heure unique d'amour.

Mais Swammerdam n'avait pas eu cette heure,
et il semble qu'il ait passé sa si courte vie dans un
parfait isolement. À l'âge de trente-six ans, il tou-
chait déjà à sa fin. Le fonds d'imagination et de
tendresse universelle qui était en lui ne pouvait
être alimenté par les sèches controverses du temps.
En cet état, par hasard, il lui tomba sous la main
un livre inconnu, un livre de femme. Cette douce
voix lui alla à l'âme et le consola un peu. Le livre
était un des opuscules d'une mystique célèbre du
temps, Mlle Bourignon.

Quelque pauvre que fût Swammerdam, il entre-
prit le pèlerinage de l'Allemagne, où elle était, et y
alla voir sa consolatrice. Il en tira un secours très-
réel de sortir du moins de sa polémique avec les
savants, ses rivaux, d'oublier toute concurrence,
et de remettre à Dieu seul sa défense et ses découvertes.

Il eût voulu se retirer dans une profonde solitude.

Pour cela, il fallait vendre ce cher et précieux cabinet où il avait usé ses jours, mis son cœur, et qui enfin était devenu lui-même. Il lui fallait s'en détacher. A ce prix, il calculait qu'il aurait un revenu qui suffirait à ses besoins ; mais ce malheur même et cette séparation qu'il voulait, il ne put l'avoir. Ni en Hollande, ni en France, le cabinet ne trouva d'acheteurs. Peut-être les amateurs riches, qui ne songent qu'au vain éclat, n'y trouvaient pas les espèces brillantes qui nous donnent un plaisir d'enfant. La collection du grand inventeur offrait des choses plus sérieuses, la série, l'enchaînement logique de ses découvertes, cette méthode parlante et vivante qui eût guidé le génie aux découvertes nouvelles. Hélas ! elle périt dispersée.

Malade depuis longtemps, en 1680, soit faiblesse, soit dégoût de la vie et des hommes, il s'enferma, ne voulut plus sortir. Il légua ses manuscrits au seul ami qu'il eût, ami fidèle de toute sa vie, et que lui-même, en mourant, il appelle « incomparable, » le Français Thévenot. Il mourut à quarante-trois ans.

Qui l'avait tué réellement ? Sa science elle-même. Cette trop brusque révélation le frappa et l'emporta. Si Pascal vit près de lui s'ouvrir un abîme imaginaire, que pouvait-il arriver de ce Pascal hollandais qui voyait l'abîme réel et l'approfondissement sans terme de ce monde inattendu ! Il ne s'agissait pas ici d'une échelle décroissante de grandeurs abstraites ou d'atomes inorganiques, mais de l'enveloppement successif, du mouvement prodigieux des êtres qui sont l'un dans l'autre. Pour le peu que nous en voyons, chaque animal est la petite planète, le monde qu'habitent des animaux plus petits encore, habités par d'autres plus petits. Et cela, sans fin, sans repos, sauf l'impuissance de nos sens et l'imperfection de l'optique.

Cet infini, entr'ouvert par la main de Swammerdam, tous allaient l'approfondir, incessamment y creuser. Dès ce temps, l'Europe y travaille avec ses tendances diverses. Lewenhoek s'y précipite, y trouve et conquiert des mondes. Le positif Italien Malpighi se montre ici le plus audacieux peut-être. Il prouve que l'insecte a un cœur ! Ce cœur bat comme le nôtre. On n'a pas loin à aller pour lui donner bientôt une âme.... Swammerdam, qui vivait encore, en est terrifié. Il s'effraye de cette pente ; il voudrait s'y retenir ; il voudrait douter de ce cœur.

Il lui semblait que la science, lancée par lui, précipitée au courant de ses découvertes, le menait à quelque chose de grand et de terrible, qu'il n'aurait pas voulu voir : comme celui qui, se trouvant dans une barque sur l'énorme mer d'eau douce qui va

faire la chute du Niagara, se sent dans un mouvement calme, mais invincible et immense, qui
le mène, où?... Il ne veut pas, il n'ose pas y
penser.

IX

LE MICROSCOPE

L'INSECTE A-T-IL UNE PHYSIONOMIE?

IX

LE MICROSCOPE

L'INSECTE A-T-IL UNE PHYSIONOMIE?

Armé de ce sixième sens que l'homme vient
d'acquérir, je puis, à ma volonté, marcher dans
l'une ou l'autre voie. Il ne tient qu'à moi de suivre,
d'atteindre et calculer des mondes, de graviter avec
eux par leurs orbites immenses. Mais je me sens
plus vivement attirer vers l'autre abîme, celui de
l'infiniment petit. J'entrevois dans ces atomes une
intensité d'énergie qui me charme et m'émerveille.
Moi-même, ne suis-je pas un atome ? Ni Jupiter
ni Sirius, ces énormes globes si loin de moi,
si peu en rapport avec moi, ne m'apprendront

le secret de l'existence terrestre. Ceux-ci, au contraire, m'entourent, me pressent et me servent ou me nuisent. S'ils ne me sont pas semblables, ils me sont associés.

Fatalement associés. Et je ne peux pas les fuir : plusieurs vivent dans l'air que j'aspire, que dis-je? dans mes liquides, au dedans de moi. J'ai intérêt à les connaître. Mais mon intérêt souverain est d'échapper à ma triste et misérable ignorance, de ne pas sortir de ce monde sans avoir entrevu l'infini.

Plein de ces idées, je m'adressai à l'un des hommes de ce temps qui ont fait le plus grand et le plus heureux usage du microscope, le célèbre docteur Robin. Sous sa direction, j'achetai chez l'habile opticien Nachet un excellent instrument, et je l'établis devant ma fenêtre sous un très-beau jour.

Je l'ai dit, le microscope, c'est bien plus qu'une lunette. C'est un aide, un serviteur qui a des mains pour suppléer les vôtres, des yeux et des yeux mobiles qui changent pour faire voir l'objet à la grosseur désirable, dans tel détail ou dans l'ensemble. On comprend parfaitement l'absorbant attrait qu'il exerce ; quelque fatigue qu'il cause, on ne peut plus s'en détacher. Il débuta, comme on a vu, par tuer son père, Swammerdam. A combien de travailleurs n'a-t-il pas ôté depuis, sinon la vie, du moins les yeux ! Le premier, Huber, de bonne

heure a été aveugle. L'illustre auteur du grand ouvrage sur le hanneton, M. Strauss, l'est devenu à
peu près. Notre pâle et ardent Robin est déjà sur
cette pente, et poursuit sans s'arrêter. La séduction
est trop forte. Qui pourrait renoncer au vrai, dès
qu'on l'entrevit une fois ? qui pourrait rentrer de
bon gré dans le monde d'erreurs où nous sommes ?
Mieux vaut ne plus voir du tout que de voir presque
toujours faux.

Me voici donc face à face de mon petit homme de
cuivre. Je ne perdis pas un instant pour interroger son oracle. Telle fut sa première réponse assez
rude sur les deux objets que je présentai :

L'un était une main humaine, blanche et délicate, une main gauche, la plus oisive, d'une personne qui ne fait rien ;

L'autre une patte d'araignée.

Le premier objet, à l'œil nu, semblait assez
agréable ; l'autre, une petite lame obscure, d'un
brun sale, plutôt répugnant.

Au microscope, c'était exactement le contraire.
Dans la patte d'araignée, aisément purgée de quelques villosités, il montrait un peigne magnifique de
la plus belle écaille, laquelle, bien loin d'être sale,
par son extrême poli était impossible à salir ; tout
aurait glissé dessus. Cet objet paraissait être à deux
fins : une très-fine main avec laquelle la fileuse

se fait glisser à son fil pour monter, descendre;
d'autre part, un peigne qui sert à l'attentive ouvrière
pour tenir sa toile, pendant le travail, dans la position voulue, jusqu'à ce que le fil ténu, qui semble
plutôt un nuage, s'affermisse, séché par l'air, et ne
revienne plus flottant sur lui-même.

Pour la main humaine, le point qu'on en pouvait
présenter sous le microscope semblait, même au
verre le plus faible, un objet immense, vague, in-
compréhensible à force de grossièreté. Même à une
loupe moyenne qui grossit seulement douze ou
quinze fois, elle paraissait un tissu jaunâtre et ro-
sâtre, rude et sec, mal tendu, une sorte de taffetas à
réseau, dont chaque maille boursouflait d'une
manière inégale.

Rien de plus humiliant.

Cet impitoyable juge, sévère même pour les fleurs,
est terrible à la fleur humaine. La plus fraîche et la
plus charmante fera sagement de n'en pas tenter
l'expérience. Elle frémirait d'elle-même. Ses fos-
settes seraient des abîmes. Le léger duvet de pêche
qui est pour sa belle peau comme un couronnement
de délicatesse offrirait de rudes broussailles, que
dis-je? de sauvages forêts.

Sur cette première expérience, je sentis que ce
trop véridique oracle ne changeait pas seulement
nos idées sur les grandeurs, mais non moins sur

les aspects, les douleurs, les formes, transfigurant toute chose, il faut le dire, du faux au vrai.

Résignons-nous. Quoi que nous dise cet organe de la vérité, je le remercie et je le salue, dût-il me déclarer un monstre. Mais il n'en est pas ainsi. S'il change de manière sévère nos idées sur telle surface, en revanche, il nous révèle des mondes vraiment infinis de beauté en profondeur. Cent choses que la vue simple trouve horribles en anatomie, devienne d'une délicatesse touchante, attendrissante, d'un charme poétique qui va au sublime. Ce n'est pas le lieu d'insister. Mais une simple goutte de sang, d'un rouge brique peu agréable à la simple vue, lourde, épaisse, opaque, si vous la regardez, séchée, au verre grossissant, vous offre une délicieuse arborescence rose, avec de fins ramuscules aussi mignons que ceux du corail sont mousses et grossiers.

Mais tenons-nous aux insectes. Prenons le plus misérable, le tout petit papillon de la mite qui mange nos draps, ce papillon d'un blanc sale qui paraît le dernier des êtres. Prenez son aile seulement. Non, bien moins, seulement un peu de poussière, de cette farine légère qui couvre son aile. Vous êtes stupéfait de voir que la nature, épuisant la plus ingénieuse industrie pour que ce rebut de la création vole à son aise et sans fatigue, a semé son aile, non pas de poussière, mais d'une multitude de petits ballons. Ce sont, si vous aimez mieux, autant de parachutes, instruments de vol fort commodes, qui, ouverts, soutiennent le petit aéronaute sans fatigue, indéfiniment, qui, plus ou moins tendus, le font monter ou baisser, et, pliés, le mettent au repos. Le moindre des papillons, sou- tenu ainsi, a une faculté de vol aussi illimitée que le premier oiseau du ciel.

On s'intéresse vivement à ces curieux appareils où ils ont devancé nos arts. On observe leurs étranges et surprenants modes d'action, comme on ferait des habitants d'une autre planète, par mi- racle apportés ici. Mais ce qu'on voudrait voir le plus, ce qu'on brûle de saisir, c'est quelque reflet du dedans, quelque lueur du flambeau qui est contenu en eux, quelque semblant de la pensée. Ont-ils une physionomie? Saisirai-je dans leur face étrange quelque trace de cette intelligence qui res- semble tant à la nôtre, si nous en jugeons par les œuvres? L'expression qui me touche dans l'œil du chien et des autres animaux rapprochés de moi, n'en trouverai-je pas quelque chose dans l'abeille, dans la fourmi, dans ces êtres ingénieux, créateurs, qui font des choses dont le chien est incapable?

Un homme d'esprit me disait: « Enfant, j'étais fort curieux d'insectes, je cherchais les chenilles et j'en faisais collection. Ma curiosité était surtout de les voir au visage, et je n'y parvenais pas. Tout ce que j'en distinguais était confus, morne, triste. Cela me découragea. Je laissai les collections. »

Moi aussi j'étais enfant dans cette étude nouvelle, je veux dire neuf et curieux. Ma grande curiosité était d'interroger le visage de ce petit monde muet, d'y surprendre, au défaut de voix, la pensée silencieuse. Pensée? le rêve, du moins, l'instinct obscur et flottant.

Je m'adressai à la fourmi.

Être humble de forme et de couleur, mais doué à un degré prodigieux d'instinct social et du sens de l'éducation. Je ne parle pas de leur vif esprit de ressources, de l'extemporanéité qui leur permet de faire face aux périls, aux embarras, aux hasards.

Je pris donc une fourmi de l'espèce la plus commune, fourmi neutre, de ces ouvrières dispensées d'amour, en qui le sexe, atrophié au profit du travail, développe d'autant plus l'instinct, qui seules font tous les métiers dans la petite cité, pourvoyeuses, nourrices, architectes, inventives de cent façons.

Je choisis un très-beau jour, un jour serein, lumineux, non d'une lumière crue d'été, mais d'une calme lumière d'automne (1er septembre 1856). J'étais seul, dans un grand repos et un silence profond, dans ce complet oubli du monde que nous obtenons rarement. Après tant d'agitations du présent et du passé, mon cœur un moment se taisait.

Jamais je ne fus plus prêt à entendre les voix muettes qui ne s'adressent point à l'oreille, à pénétrer d'un esprit calme et bienveillant dans le mystère du petit monde qui nous entoure de tous côtés, et qui reste pourtant jusqu'ici hors de nos communications et par delà notre portée.

Tête à tête avec ma fourmi, armé d'une assez bonne loupe qui la grossissait douze fois, je la posai délicatement sur une grande et belle feuille de papier blanc qui couvrait presque ma table.

Au microscope, je n'eusse vu qu'une partie, et non l'ensemble. Un grossissement très-fort m'aurait exagéré aussi des détails un peu secondaires, comme les poils assez rares dont la fourmi est pourvue. Enfin sa mobilité n'eût pas permis de la tenir au foyer du microscope. La loupe, mobile aussi bien qu'elle, la suivait dans ses mouvements.

Non sans peine cependant. Elle était vive et alerte, inquiète, fort impatiente de sortir de là. Je la regardais au centre de la feuille, lorsque déjà elle était presque à l'extrémité. Je fus obligé de l'éthériser quelque peu pour l'engourdir et la rendre moins mobile.

Elle paraissait très-propre, extrêmement vernissée. Quoique neutre, et non femelle, elle avait le ventre assez fort. Le ventre joignait le corselet par deux petits renflements. Du corselet se dégageait nettement, finement, la tête, forte et presque ronde.

Cette tête, vue ainsi en masse, semblait celle d'un oiseau. Mais point de bec; à la place, un prolongement circulaire, dans lequel un regard attentif me fit voir la réunion de deux petits croissants, rejoints par la pointe. C'étaient ses dents ou mandibules, dents qui n'agissent pas, comme les nôtres, de haut en bas, mais horizontalement et de côté. L'insecte de ses mandibules fait l'usage le plus varié; ce ne sont pas seulement des armes et des instruments de manducation, mais des outils pour tous les arts, suppléant en partie les mains, pour maçonner, gâcher, sculpter, pour enlever et porter les petits, parfois même de grands et d'énormes poids.

Bien lui prit de se trouver si bien cuirassée. L'éther glissa, entra fort peu, et l'étourdit seulement. Après un moment d'immobilité, elle revint à moitié et fit quelques mouvements, comme ceux d'une personne ivre, ou frappée d'une forte migraine. Elle avait l'air de se dire : « Où suis-je? » et elle tâchait de reconnaître le terrain où elle marchait, la grande feuille de papier. Elle fit quelques pas chancelants, tombant presque de droite et de gauche. Elle portait

en avant deux instruments que d'abord je croyais
être des pattes, mais qui, mieux vus, en étaient
essentiellement différents.

Ils prenaient naissance à côté des yeux, et, comme
eux, c'étaient manifestement des instruments d'observation. Ces antennes, comme on les appelle,
longues, fortes, délicates, vibrantes au contact le
plus léger, sont charnues, articulées d'une vingtaine de pièces mobiles, agencées l'une dans l'autre.
Instrument infiniment propre à palper et tâtonner.
Mais il a bien d'autres usages; par lui, les fourmis
se transmettent en une seconde des avis assez compliqués, puisqu'ils changent leur direction et les
font rétrograder, prendre tout à coup un autre chemin; c'est évidemment un langage, comme celui de
télégraphe. Ce merveilleux organe du tact est de
plus probablement une sorte d'ouïe, étant tellement
mobile qu'il doit frémir aux moindres vibrations
de l'air et sentir toute onde sonore.

L'accord de ces mouvements, de ce fin et délicat
appareil tactile et télégraphique, cette forte tête
enfin qui semblait penser; le tout faisait illusion.
Ses attitudes, ses tâtonnements, ses efforts pour se
rendre compte de la situation, la montraient précisément ce que nous aurions été dans une circonstance
semblable. La reine Mab de Shakespeare, dans son
char de coque de noix, me revenait à l'esprit. Plus

encore, les histoires d'Huber, histoires saisissantes, et presque effrayantes, qui feraient croire ces êtres si avancés dans le bien et dans le mal.

Elle me tournait le dos obstinément, comme si elle avait craint de voir son persécuteur. Elle devait m'envisager comme un horrible géant, et, malgré cet état d'ivresse, elle faisait de constants et d'énergiques efforts pour s'éloigner de moi et se mettre en sûreté.

Je la ramenais doucement et avec précaution. Mais je ne pouvais obtenir qu'elle me montrât sa face. Trop grande était son antipathie, sa terreur, sans doute. Je me décidai alors à la prendre avec une petite pince, et à la tenir sur le dos, en serrant le moins possible. Ce serrement, quoique léger, comprimant les petits trous latéraux (stigmates) par lesquels elle respire, lui fut infiniment pénible, à juger par sa résistance. Des petits ongles de ses pattes, de ses mandibules, elle pinçait si fortement la pince que j'entendais vibrer l'air à chaque coup qu'elle donnait. Je profitai avec hâte de l'attitude pénible où je tenais ma fourmi : je regardai son visage.

Ce qui désoriente le plus et lui donne un aspect étrange, ce sont principalement les dents ou mandibules, placées en dehors de la bouche, et partant l'une de droite, l'autre de gauche, horizontalement pour se rencontrer; les nôtres sont verticales. Ces dents en avant menacent et semblent présenter le combat. Cependant, comme nous l'avons dit, elles ont des usages pacifiques et *servent aussi de mains.*

Derrière ces dents apparaissent de petits filets ou palpes, à l'entrée de la bouche. Ce sont en réalité comme *de petites mains de la bouche*, qui palpent, manient, retournent ce qu'on y apporte.

Du front partent les antennes, autres mains, mais du dehors, mobiles à l'excès, sensibles, *des mains électriques.*

Derrière la tête, au corselet, commencent les pattes, deux d'abord, de grande dextérité, et que M. Kirby a nommées justement les bras.

Un appareil si compliqué, mis à la partie antérieure du corps, ne peut manquer d'obscurcir, d'embrouiller sa physionomie. Que serait-ce de la nôtre, si de nos yeux, de notre bouche, partaient six mains, sans préjudice de celles qui viendraient des épaules, et de quatre autres qui seraient placées plus bas?

Tout est donné à l'action et à la défense. La face que montre l'insecte, c'est son crâne résistant, sa boîte osseuse, laquelle ne peut remuer. Elle enchâsse, encadre et fixe les yeux qui ne remuent pas non plus; mais ils n'en ont pas besoin, étant extérieurs et multiples; ceux de la fourmi sont divisés en cinquante facettes qui lui montrent tout, devant

et derrière. Donc une vue admirable, mais point
de regard. Nul muscle extérieur qui mobilise le
masque. Donc, point de physionomie.

La pantomime, en récompense, était extrêmement expressive, je dirai même fort touchante.
Quand elle vit qu'elle était si peu ferme, si peu capable de marcher, elle fit ce qu'aurait fait l'homme
prudent et sagace : elle travailla à se remettre par
les moyens mêmes que nous employons. Elle pro-
céda à un massage méthodique de toute sa personne en allant du haut au bas. Assise comme un
petit singe, elle se passait adroitement dans la bouche les bras ou pattes antérieures, et les tournait de
manière à lisser son dos et ses reins. De moment
en moment, elle revenait à la tête, la prenait par
ses deux mains, comme si elle eût voulu secouer et
mettre dehors cette fatale ivresse qui la rendait si
peu propre à pourvoir à son salut. On eût dit qu'elle
s'interrogeait, se redemandait sa pensée, se disait
comme nous faisons dans un mauvais songe : « Est-
ce vrai? est-ce faux?... Pauvre tête !... hélas !
qu'est-elle donc devenue ? »

Je sentais à ce moment que nous vivions dans
deux mondes. Et nul moyen de nous entendre. Quel
langage pour la rassurer? Moi, la voix ; elle, les
antennes. Pas une de mes paroles ne pouvait avoir
accès à son télégraphe électrique qui lui sert d'ouïe.

Cette boîte osseuse continue qui enveloppe les corps, isole aussi de nous l'insecte, nous le cache. Il a un cœur, qui bat aussi bien que le nôtre, mais sous son épaisse armure on n'en voit pas les battements. Ce langage sans parole qui nous touche dans tant d'êtres muets, lui, il ne l'a même pas. Il est tout enveloppé de mystère et de silence.

Il respire, ou plutôt reçoit l'air par le côté, non de face, non par la tête. On ne sent pas en lui le souffle, l'élan de la respiration. Dès lors, comment parlerait-il et comment se plaindrait-il? Il n'a rien de tous nos langages. Il a des bruits, non une voix.

Ce masque fixe, immobile, condamné à ne rien dire, est-ce celui d'un monstre ou d'un spectre? Non. D'après ses mouvements, et tant d'actes empreints de réflexion, d'après ses arts plus avancés que ceux des grands animaux, on est bien tenté de croire qu'en cette tête il y a quelqu'un. Et, du plus haut au plus bas de l'échelle de la vie, on sent l'identité de l'âme.

X

L'INSECTE COMME AGENT DE LA NATURE

DANS L'ACCÉLÉRATION DE LA MORT ET DE LA VIE

X

L'INSECTE COMME AGENT DE LA NATURE

DANS L'ACCÉLÉRATION DE LA MORT ET DE LA VIE.

L'insecte n'a pas mes langages. Il ne parle ni par la voix ni par la physionomie. Par quoi donc s'exprime-t-il ?

Il parle par ses énergies :

1° Par l'action immense de destruction qu'il exerce sur le trop-plein de la nature, sur une foule d'existences trop lentes ou morbides qu'elle a hâte de faire disparaître.

2° Il parle encore par ses énergies visibles, surtout au moment de l'amour, ses couleurs, ses feux, ses poisons (dont plusieurs sont nos remèdes).

3° Il parle enfin par ses arts, qui pourraient féconder les nôtres.

C'est tout le sujet de ce second livre.

Abordons d'abord le sujet par où il nous blesse le plus et semble l'auxiliaire de la mort, son immense, son ardente et infatigable destruction. Envisageons-la dans l'histoire et prenons-la de plus haut.

Pour répondre à nos petitesses, à nos dégoûts, à nos terreurs, aux jugements étroits, égoïstes, que nous portons sur ces choses, il faut rappeler les grandes et nécessaires réactions de la nature.

Elle n'a pas marché avec l'ordre d'un flot continu, mais avec des retours, des reculs sur elle-même, qui lui permettaient de s'harmoniser. Notre vue myope, qui s'arrête quelquefois sur ces mouvements rétrogrades en apparence, s'alarme, s'effraye, méconnaît l'ensemble.

C'est le propre de l'Amour infini, qui va créant toujours, à chaque création qu'il fait, de la porter à l'infini. Mais, dans cet infini même, il suscite une création d'antagonismes qui réduira la première. Si nous lui voyons produire de monstrueux destructeurs, soyons sûrs qu'ils arrivent, comme remède et répression, pour arrêter des monstres de fécondité.

Les insectes herbivores ont été la répression de l'épouvantable encombrement végétal du monde primitif.

Mais ces herbivores débordant toute loi et toute raison, arrivèrent pour les réprimer les insectes insectivores.

Ceux-ci, robustes et terribles, tyrans de la création, par leurs armes et par leurs ailes, eussent été vainqueurs des vainqueurs, et auraient poussé à bout les espèces les plus faibles, si, sur tout le peuple insecte et sur son vol le plus faible, ne fût survenue la grande aile, un tyran supérieur, l'oiseau. La *demoiselle* orgueilleuse fut enlevée par l'hirondelle.

Par ces destructions successives, la production a été non supprimée, mais contenue, et les espèces équilibrées. De sorte que tous durent et vivent. Plus une espèce est émondée, plus elle est féconde. Déborde-t-elle ? à l'instant ce trop-plein est balancé par la fécondité nouvelle qu'elle ajoute à ses destructeurs.

Hommes de cette époque tardive, fils du maigre et sobre Occident, élevés dans ces petits jardins serrés, soignés, épluchés, que vous appelez grandes cultures, agrandissez, je vous prie, étendez vos conceptions et tâchez d'imaginer autre chose que ces miniatures, si vous voulez comprendre un peu les forces primitives du globe, l'abondance et surabondance que put déployer la terre, quand, trempée de chauds brouillards, elle poussa de son sein le flux de sa première jeunesse. Les plus chaudes contrées du globe actuel en montrent encore quelque chose, mais dans une pâle décadence. L'Afrique qui, en majeure partie, a perdu ses eaux, garde pour souvenir d'alors dans ses zones les mieux conservées cette herbe énorme et ventrue, arbre herbacé, le baobab. Les forêts inextricables de la Guyane et du Brésil, dans leur enchevêtrement, dans leurs chaos de plantes folles qui, sans règles ni mesure, enveloppent des arbres géants, les étouffent, les pourrissent, les enterrent dans les débris, voilà des images imparfaites de ce grand chaos antique. Les seuls êtres assez impurs pour en souffrir l'impureté, en aspirer les souffles mortels, c'étaient les reptiles à gros ventre, les lourds crapauds, les caïmans verts, les serpents gonflés de boue, de venin. Et tels auraient été les habitants de la terre. Ne pouvant reprendre haleine, sous cet horrible étouffement, elle n'eût jamais pu souffler cet air pur qui nous a fait vivre.

Alors, d'en haut, fondit l'oiseau qui, plongeant au gouffre, rapportait au ciel sur la pointe des hautes forêts quelqu'un de ces monstres. Mais son combat incessant serait resté à jamais au-dessous de l'abominable fécondité de ces races, si, par en bas, des

milliards de rongeurs n'eussent éclairci l'encombrement, dénudé ces affreux repaires, rouvert aux
traits du soleil la bourre sous laquelle haletait la
terre. Les plus humbles des insectes firent l'ouvrage le plus énorme qui rendit le monde habitable ; ils dévorèrent le chaos.

« Petits moyens, grand résultat! direz-vous. Comment ces petits vinrent-ils à bout d'un infini? » Vous
ne garderiez pas ce doute, si seulement vous aviez
été témoin une fois du réveil de nos vers à soie, quand
un matin ils éclosent, avec cette faim immense
qu'aucune abondance de feuilles ne peut satisfaire.
Leur hôte se croyait en mesure de les contenter avec
une belle et riche plantation de mûriers. Mais ceci
n'est rien encore. Vous leur apportez des forêts et ils
demandent toujours. A vingt pas et davantage, vous
entendez un bruissement étrange et non interrompu, comme de ruisseaux qui couleraient toujours, et toujours en frottant, usant le caillou. Et
vous ne vous trompez pas, c'est un ruisseau, c'est
un torrent, un fleuve infini de matières vivantes
qui, sous cette grande mécanique de tant de petits
instruments, bruit, résonne et murmure, passant
de la vie végétale à celle d'insectes, et doucement,
invinciblement, se fond dans l'animalité.

Pour revenir au premier âge, les destructeurs les
plus terribles, les rongeurs les plus implacables,

qui percèrent la pourriture inférieure du grand chaos, qui plus haut délivrèrent l'arbre de l'étreinte de ses parasites, enfin s'en prirent aux rameaux, éclaircirent l'ombre livide, ceux-là furent les bienfaiteurs des espèces à venir. Leur travail non interrompu d'indomptable destruction mit à la raison l'orgie végétale où s'était perdue la nature. Elle eut beau produire, ils vainquirent, ils firent de superbes clairières, et les monstres, exilés des gouffres où ils pullulaient, devinrent de plus en plus stériles, livrés par cette grande révélation des fo s au fils de la lumière, l'oiseau.

Profond accord et beau traité entre celui-ci et son opposé, le fils de la nuit, l'insecte, qui lui fit jour dans l'abîme, lui livra ses ennemis. Ajoutez qu'à mesure qu'une nourriture exubérante fortifia, exalta l'insecte, quand son sang fut enivré de tant de brûlants végétaux, une âpreté inconnue commença, et des espèces hardies, féroces, ne s'amusèrent plus à ronger les abris des monstres. Elles s'en prirent aux monstres mêmes. Aiguillons, tarières, ventouses, dents tranchantes, pinces acérées, un arsenal d'armes inconnues qui n'ont pas de noms encore, naquirent, s'allongèrent, s'aiguisèrent pour travailler la matière vive. Il le fallait. Ce fut le rasoir qui trancha la gourme immonde du monde naissant. Elle avait nourri, multiplié la gent, faiblement animalisée, des vers engourdis, des larves à sang blême, une vie pâle, infime encore, qui gagna à travers ce brûlant creuset de vie âpre, qui fut l'insecte supérieur.

Je ne connais rien sur terre qui semble plus fort, plus ferme, plus durable et plus redoutable que ces miniatures cuirassées du rhinocéros qui courent sur la terre aussi vite que ce mammifère est lourd et pesant. Les carabes, les nasicornes, les cerfs-volants, qui emportent avec tant d'agilité des armures plus redoutables que toutes celles du moyen âge, . . . nous rassurent que par leur taille. La force est épouvantable ici, relativement. Si vous supposiez un homme aussi fort en proportion, il emporterait dans ses bras l'obélisque de Louqsor.

Ces énergies d'absorption, concentrant en ces insectes d'énormes foyers de forces, se traduisirent dans la lumière par des énergies de couleur. A celles-ci, dans les espèces où la vie s'exalta le plus, succédèrent les énergies morales. Ces superbes héros barbares, les scarabées, furent effacés par les modestes citoyens, fourmis et abeilles, où la beauté fut l'harmonie.

C'est toute l'histoire des insectes. Mais, quelque haut que ces derniers doivent nous conduire, ne méprisons pas le point de départ, les utiles rongeurs et mineurs, qui ont travaillé, préparé le globe.

Leur œuvre est-elle terminée ? Nullement. Des

zones immenses restent pour ainsi dire antiques,
condamnées à une fécondité terrible et malsaine.
Au centre de l'Amérique, les plus riches forêts du
monde semblent toujours repousser l'homme qui
n'y vient que pour mourir. Ses bras, amaigris de
fièvre, n'ont pas même assez de force pour en recueillir les trésors. Qu'un arbre tombe sur la voie,
c'est pour l'homme nonchalant un insurmontable
obstacle. Il le tourne, et vous voyez le circuit marqué dans les hautes herbes. Heureusement les termites ne reculent pas si aisément. S'ils viennent en
face de l'arbre, ils ne l'évitent point, n'en font pas
le tour. Ils l'attaquent bravement de front, y mettent autant de travailleurs qu'il faut, quelques millions, et en deux ou trois jours l'arbre est
dévoré, la voie libre.

La haute loi de la nature, la loi de salut, dans de
telles contrées, c'est la destruction rapide de tout
ce qui est décroissant, languissant, stagnant, donc
nuisible, sa purification brûlante par le creuset de
la vie. Ce creuset, c'est surtout l'insecte. Il ne faut
pas accuser sa furie d'absorption. Qui songe à accuser la flamme? La flamme n'est accusable que
quand elle ne brûle pas. Et de même, ce feu vivant,
l'insecte, est fait pour dévorer. Il faut qu'il soit ardent, cruel, aveugle, d'un appétit implacable. Loin
de lui la sobriété, la modération, la pitié! Toutes

ces vertus de l'homme et des êtres supérieurs seraient des non-sens qu'on ne peut même imaginer. Concevez-vous un insecte avec la sensibilité et la tendresse du chien? qui pleurerait comme un castor? qui aurait les aspirations, la poésie du rossignol? enfin, la pitié de l'homme?... Mais ce serait un insecte incapable, très-impropre à son métier d'anatomiste, de disséqueur et destructeur, disons mieux, de traducteur universel de la Nature, qui, précipitant la mort en supprimant les langueurs, accélère par cela même le brillant retour de la vie. Par lui, dégagée et légère, elle dit, d'une joie sauvage : « Nulle maladie, nulle vieillesse ! Fi de toute décroissance !... Salut à l'éternelle jeunesse !... Meure ce qui vécut plus d'un jour ! »

Notez que cette furie d'insectes ailés qui semblent des agents de mort est souvent une cause de vie. Leur persécution acharnée des troupeaux malades, alanguis de chaleur humide, est le salut de ceux-ci. Ils resteraient stupidement résignés, et, d'heure en heure, moins capables de bouger, mornes, liés par la fièvre, et ne se relèveraient plus. L'inexorable aiguillon sait bien les remettre debout; tremblants sur leurs jambes, ils fuient; l'insecte ne les quitte pas , les presse, les pousse, et, sanglants, les amène aux régions salubres des terres sèches et des eaux vives, où, moins satisfait lui-même, leur furieux guide les quitte et retourne aux vapeurs malsaines, à son royaume de mort.

En Afrique, dans le Soudan, un petit insecte, la mouche Nâm, dirige souverainement les migrations des troupeaux. Aux temps de la sécheresse, elle sévit contre le chameau ; elle s'introduit hardiment dans l'oreille de l'éléphant. Les géants, invinciblement poussés par ce pasteur ailé, échappent aux feux du Midi, et s'en vont, en grande hâte, chercher la brise du Nord. Les bœufs, au contraire, ménagés par elle, avec l'Arabe, leur maître, restent paisibles au Midi.

Les plus terribles des insectes, les grosses fourmis de la Guyane, sont bénies précisément pour leur puissance dévorante. Nul moyen sans elles de purger à fond les habitations de toutes sortes d'engeances obscures qui pullulent dans les ténèbres, dans les planchers, les charpentes, dans les moindres fentes. Mais un matin, l'armée noire se présente aux portes des habitations : ce sont les *fourmis de visite*. On se retire, on leur fait place, on évacue la maison. « Entrez, mesdames, allez, venez ; faites ici comme chez vous... » Il y aurait peu de sûreté pour les maîtres à rester ; car ces visiteuses exactes ont pour loi de ne laisser où elles passent nulle chose vivante. Tout insecte périt d'abord, les plus gros, les invisibles, les œufs même les mieux cachés. Puis, les petits animaux, crapauds, couleuvres, mulots, rien n'échappe. La place est nette, sans débris; les moindres restes sont consciencieusement dévorés.

Les grosses araignées des Antilles, sans se piquer d'arriver à une purification si terrible et si complète, travaillent cependant très-bien à la propreté de la maison. Nul insecte dégoûtant n'est souffert par elles. Ce sont de très-bonnes servantes, plus propres que les esclaves. Aussi on les apprécie, et on les achète comme domestiques indispensables. Il est des marchés où l'on fait la *traite* des araignées.

L'araignée, en Sibérie, jouit de la considération qu'elle mérite partout à tant de titres. Ce monde de l'extrême Nord, dont l'été si court n'en est pas moins infesté de cousins, de moucherons, voit son bienfaiteur dans l'utile insecte qui oppose à cette armée une chasse industrieuse au profit de l'homme. Sa prudence consommée, son habileté supérieure, la prescience qu'elle a des variations de l'atmosphère et des phases du climat, ont porté si haut l'idée que s'en font les Sibériens, que plusieurs de leurs tribus rapportent la création du monde à une gigantesque araignée.

XI

INSECTES AUXILIAIRES DE L'HOMME

XI

•

INSECTES AUXILIAIRES DE L'HOMME.

Un chasseur de petits oiseaux, dans un ingénieux mémoire académique, a émis ce paradoxe : « Que leur multiplication récente est la cause de la maladie de la vigne, de la pomme de terre, etc. » Comment cela ? Cette maladie, qui éclata la première fois en septembre 1845, est venue, dit l'auteur, des animalcules microscopiques et des végétations parasites que les insectes détruisaient jusque-là. Mais ces insectes protecteurs de l'agriculture auraient péri, dévorés par les oiseaux, en 1844. La fatale loi de mai 1844, qui protége les oiseaux, aurait multiplié ceux-ci au point que les insectes, chassés et détruits par eux, ne purent continuer à nos plantes le secours qu'ils leur prêtaient contre les ennemis invisibles.

Cette hypothèse, exposée avec esprit et talent, et qui semble même appuyée de faits et de dates, porte toute entière sur un point. Si ce point manque, elle s'écroule.

Elle suppose que les oiseaux ont été efficacement protégés par la loi, et que, depuis douze ans, *ils ont pu multiplier*, devenir maîtres du terrain, tyrans, exterminateurs des espèces utiles d'insectes, qu'enfin malheureusement *ces insectes auraient à peu près disparu*.

A cela il y a trois réponses :

1° Les oiseaux n'ont nullement multiplié. Ce n'est pas au Bulletin des lois qu'il faut le demander, c'est aux oiseleurs, aux chasseurs. Or, voici ce qu'ils répondent : « On a tant détruit d'oiseaux depuis que la loi les protége, qu'en certains pays la chasse est effectivement impossible, parce qu'il n'y a plus rien à tuer. »

Dans la Provence, aux lieux mêmes où les cousins sont le plus insupportables (donc les oiseaux plus précieux), dans la Camargue, les chasseurs, au défaut d'oiseaux mangeables, tuent maintenant les hirondelles. Ils se placent à l'affût aux points où elles sont en files, et réussissent à en tuer plusieurs d'un même coup de fusil.

2° Les insectes n'ont nullement été détruits par les oiseaux. Demandez aux agriculteurs quelle est cette classe d'insectes qui a disparu. Ils ont beau chercher, ils ne trouvent pas qu'une seule espèce ait diminué. Au contraire, on les a vus, dans les années en question, multiplier, croître, fleurir, et rien ne les empêchait de faire la guerre à leur aise aux animalcules invisibles.

Pas une espèce d'insecte ne manque; mais, en revanche, d'excellents observateurs nous apprennent, dans leurs livres de chasse ou d'histoire naturelle, que plusieurs espèces d'oiseaux auront bientôt disparu.

3° Les oiseaux ne sont pas, autant que le dit l'auteur du mémoire, d'*inintelligents assassins*. Loin de là, ils assassinent de préférence les insectes qui nous sont le plus nuisibles. L'époque où ils leur font une guerre réellement meurtrière, c'est celle où ils en nourrissent leurs petits. Que leur portent-ils? Bien peu d'insectes insectivores; ceux-ci armés, cuirassés, des carabes, des cerfs-volants, couverts d'écailles métalliques, armés de pinces et de crocs, d'une vie indestructible, seraient un manger effrayant pour les petits de la fauvette; ces petits fuiraient plutôt devant un pareil aliment. Ce n'est pas cela du tout que la judicieuse mère cherche et donne à ses enfants. Ce sont des insectes mous et quasi laiteux, des larves grasses et succulentes, de bonnes petites chenilles tendres, tous animaux herbivores, fructivores, légumivores, justement ceux qui font du tort à nos jardins, à nos campagnes.

Donc, le travail capital de l'oiseau contre l'insecte coïncide précisément avec le travail de l'agriculteur.

Du reste, nous sommes loin de dire, comme l'auteur nous le fait dire, que l'oiseau soit *le seul* épurateur de la création. Il faudrait être bien aveugle et bien inintelligent pour ne pas voir qu'il partage ce rôle avec l'insecte. L'action même de celui-ci est sans doute plus efficace dans la poursuite d'un monde d'atomes vivants, que l'insecte dont les yeux sont des microscopes, distingue, atteint, dans beaucoup de lieux obscurs, inaccessibles à l'oiseau. Celui-ci, d'autre part, est l'épurateur essentiel pour ce qui demande et la vue lointaine et le vol, pour les nuées effroyables d'autres animalcules invisibles qui flottent et nagent dans l'air, et de là, dans nos poumons.

L'équilibre des espèces est désirable, en général. Toutes ont leur utilité. Nous nous joignons volontiers à l'auteur du mémoire dans le vœu qu'on distingue spécialement et qu'on épargne surtout les insectes aptes à détruire des insectes plus petits. Le paysan les détruit tous, sans savoir qu'en tuant, par exemple, la libellule ou demoiselle, la brillante meurtrière qui tue mille insectes en un jour, lui, il travaille pour eux ; il est l'auxiliaire des insectes, le conservateur et propagateur de ceux qui mangent son bien. La terrible cicindèle, sans avoir un si haut vol, avec les poignards croisés, ou plutôt les deux cimeterres qui lui servent de mâchoires, fait des ravages d'insectes rapides, inouïs. Ménagez-la, respectez-la. N'écoutez pas l'enfant séduit par la richesse de ses ailes, et n'allez pas, pour lui plaire, mettre à la pointe d'une épingle votre excellent chasseur d'insectes, auxiliaire si efficace des travaux de l'agriculture.

Les carabes, tribus immenses de guerriers armés jusqu'aux dents, qui, sous leurs lourdes cuirasses, ont une activité brûlante ; ce sont les vrais gardes champêtres qui, jour et nuit, sans fêtes ni repos, protègent vos champs. Jamais ils ne se permettront d'y toucher la moindre chose. Ils procèdent uniquement à l'enlèvement des voleurs, et ne veulent de salaire que le corps du voleur même.

D'autres travaillent sous la terre. L'innocent lombric, qui la perce, la remue, prépare à merveille les terres glaises et argileuses qui ont peu d'évaporation. D'autres, en compagnie de la taupe, poursuivent dans les profondeurs la cruelle ennemie de

l'agriculture, la larve horriblement vorace, destruc-
tive, du hanneton, qui, trois ans durant, eût coupé
la racine des plantes en dessous.

Les insectes insectivores ont des droits trop évi-
dents à la protection de l'homme, dont ils sont les
alliés. Mais, parmi les herbivores même, il y a d'excellents destructeurs de plantes nuisibles L'ortie,
inutile, piquante, désagréable en tous sens, est respectée des quadrupèdes ; à peine un seul daigne y
toucher : et cinquante espèces d'insectes travaillent,
d'accord avec nous, pour nous en débarrasser.

Une fort belle classe d'insectes, les uns riches de
costumes, les autres d'intelligence, sont les nécrophores, ceux qui nous rendent le service de faire
disparaître toute chose morte du sol. La nature, à
qui ils sont si utiles, les a traités en véritables favoris, les honorant de beaux habits et les rendant industrieux, ingénieux dans leurs fonctions. Chose
remarquable, avec ce métier sinistre, loin d'être
plus farouches, ils sont remarquablement sociables
au besoin ; ils savent réunir leurs forces, combiner
leur action et agir avec concert. Bref, ces honnêtes
croque-morts sont, dans le peuple des insectes, une
brillante aristocratie.

La nature évidemment n'a pas les mêmes idées
que nous. Elle comble les plus utiles ; quelles que
soient leurs fonctions. Le bousier, par exemple, qui

fait disparaître la fiente, en payement de ce service, est habillé de saphir. Le célèbre bousier d'Égypte, l'attacus sacré des tombeaux, apparaît gratifié d'une auréole d'émeraude.

Qui dirait tous les services que rendent ces expurgateurs ? Mais on n'est guère juste pour eux. Il m'arriva, en avril, quand je voulais mettre au jardin des dahlias qui avaient passé l'hiver au verger, que l'humidité du climat (de Nantes), le sol de terre glaise compacte et sans écoulement, avaient pourri les tubercules. Nombre d'insectes étaient là, fort utilement occupés à purger ce foyer choquant de dissolution. Et cela à la grande indignation du jardinier, tout près de les accuser du mal qu'ils faisaient disparaître.

L'ennemi des jardins humides, le limaçon, est poursuivi par un insecte, le drilus, qui le guette, et pour mieux le suivre, monte sur lui, se fait porter, saisit le moment favorable, et le limaçon rentrant, entre aussi, vit chez lui, de lui. Un limaçon lui dure quinze jours. Alors il passe à un autre, plus gros, puis à un troisième plus gros encore. Il lui en faut trois. Au troisième, comme il va se changer en nymphe, le drilus fait place nette, et, pour dormir commodément, prend la solide maison de l'ennemi qui l'a nourri.

Rien ne serait plus utile que d'éclairer le paysan sur la distinction à faire entre les insectes utiles et

les insectes nuisibles à l'agriculture ; sur ceux dont
les arts divers peuvent tirer parti, spécialement des
arts chimiques, qui trouveront probablement des
ressources inattendues dans des êtres doués d'une
vie si riche et si intense. Une très-honorable initia-
tive, en ce genre, revient à l'éminent naturaliste qui
a si bien organisé le muséum de Rouen. Tous ses
élèves en ont gardé une mémoire reconnaissante ; et
je dois à l'un d'eux la reproduction d'une leçon ori-
ginale et instructive, sur l'insecte comme comes-
tible.

« Un regrettable préjugé, un raffinement ridicule
a éloigné notre Occident d'une source d'alimentation des plus riches et des plus exquises. Quel droit
les mangeurs de gibier faisandé, d'oiseaux non
vidés, quel droit encore les mangeurs d'huîtres, de
ce mollusque glaireux, auraient-ils de repousser
l'alimentation de l'insecte ?

« La Bourgogne a le bon sens de profiter, sans vain
dégoût, du mollusque excellent dont les vignes sont
peuplées, je veux dire du limaçon, qu'elle accom-
mode au beurre et aux fines herbes, mets aussi sain
pour la poitrine qu'il est agréable à la bouche et
profitable à l'estomac.

« Un savant célèbre, Lalande, osa faire un pas de
plus, et passer à la chenille, s'élevant d'un degré
encore au-dessus du préjugé. Nous lui devons de

savoir que la chenille a le goût d'amande et l'araignée de noisette. Il s'habitua à celle-ci, qu'il trouvait plus délicate. » Je le crois bien. En tous sens l'araignée est un être supérieur.

« Plusieurs insectes sont tellement savoureux et substantiels, qu'entre tous les aliments ils avaient été choisis par les dames, comme renouvellement de vie, de beauté, de jeunesse. Les Romaines de l'empire vieilli reprenaient les formes amples des Cornelia de la république, par l'usage du cossus. Les sultanes de l'Orient, des pays voluptueux où l'amour cherche les contours arrondis, se font apporter des blaps, et oisives dans les jardins, au bruit des eaux jaillissantes, puisent dans le succulent insecte une Jouvence éternelle.

« Au Brésil, la Portugaise tire des malalis du bambou, quand l'arbre a sa fleur nuptiale, un beurre frais pour les aliments, et mange en bonbons les fourmis, au moment où l'aile les soulève dans les airs comme une aspiration d'amour.

« Mais généralement, l'insecte, à part sa valeur réelle, a été recherché des peuples dont il détruisait la culture. Il leur ôtait les aliments, ils l'ont pris pour aliment. La terrible sauterelle dont la multiplication a mis tant de fois l'Orient en péril, a d'autant plus été poursuivie, dévorée par l'Orient. On dit que le calife Omar, à sa table de famille, vit tomber une sauterelle et lut sur son aile : « Nous pondons quatre-vingt-dix-neuf œufs : et, si nous en pondions cent, nous dévasterions le monde. »

« Heureusement la sauterelle est la manne de l'Asie. Qui ne sait que les prophètes, dans les grottes du Carmel, ne vivaient pas d'autre chose ? Les prophètes de l'islamisme suivaient le même régime. On disait un jour à Omar : « Que pensez-vous des « sauterelles ?— Que j'en voudrais un plein panier. » Un jour, elles lui manquèrent. A grand'peine un serviteur lui en trouva une, et, reconnaissant, charmé, il s'écria : « Dieu est grand ! »

« Aujourd'hui encore, on vend des sauterelles dans tout l'Orient, et on les mange au café comme dessert et friandise. On en charge des vaisseaux; on en trafique à pleins tonneaux.

« Nous avons ici des insectes bien autrement substantiels et plus riches d'alimentation. Qui nous arrête ? Et quel scrupule avons-nous de prendre contre eux de si utiles représailles? »

A ce point de son discours, l'orateur trouva dans son auditoire, où affluaient les paysans intelligents de Normandie, une attention profonde, comme aux endroits où retentit dans le parlement britannique le cri d'usage : « *Hear ! hear!* Écoutez ! écoutez !

Il avait prévu ce moment; car, ayant mis sur sa table quelques-uns des insectes les plus redoutés de l'agriculture, il les prit, les mit sous sa dent, les avala gravement avec cette forte parole qui ne perdra pas son fruit : « Ils nous ont mangés... Mangeons-les ! »

XII

LA FANTASMAGORIE

DES COULEURS ET DES LUMIÈRES

XII

LA FANTASMAGORIE

DES COULEURS ET DES LUMIÈRES

Si l'insecte ne nous parle pas et ne veut pas nous parler, est-ce à dire qu'il n'exprime pas la brûlante intensité de la vie qui est en lui?

Nul être ne se révèle plus clairement, mais de lui à lui, d'insecte à insecte. Ils sont entre eux ; c'est un monde fermé qui ne dit rien en dehors, ne se parle qu'à lui-même.

Pour les usages ordinaires, une télégraphie électrique existe dans leurs antennes. Mais le grand, l'éloquent langage, apparaît chez eux vers la fin, pour un moment court, il est vrai, qui de près annonce la mort, la grande fête de l'amour.

Ils parlent par l'insigne ornement qu'ils revêtent alors, par l'aile, le vol et la vie légère, « par la fantaisie qui leur vient (dit le bon Du Tertre) de se faire oiseaux. » Ils parlent par ces brillants hiéroglyphes de couleurs, de dessins bizarres, cette coquetterie étrange de toilettes extraordinaires. Ils parlent par la lumière même, et quelques espèces révèlent leur flamme intérieure par un visible flambeau.

Ils dépensent magnifiquement, royalement, ces derniers jours. Et pourquoi les ménager, ils mourront demain. Éclate donc la vie splendide! Étincellent l'or et l'émeraude, le saphir et le rubis! et qu'elle ruisselle elle-même, cette incandescente ardeur, torrent d'existence, torrent de lumières prodigués dans un commun et rapide écoulement.

L'espace manque dans nos musées pour étaler la variété prodigieuse, infinie, des parures dont la Nature a voulu maternellement glorifier l'hymen de l'insecte et lui paradiser ses noces. Un amateur distingué ayant eu la patience de me montrer de suite, genre par genre, espèce par espèce, son immense collection, je fus étourdi, stupéfié, comme épouvanté de la force inépuisable, j'allais dire de la furie d'invention que déploie ici la Nature. Je succombai, je fermai les yeux et demandai grâce; car mon cerveau se prenait, s'aveuglait, devenait obtus. Mais, elle, elle ne se lassait pas ; elle m'inon-

dait et m'accablait d'êtres charmants, d'êtres bizarres, de monstres admirables, en ailes de feu, en
cuirasses d'émeraudes, vêtus d'émaux de cent sortes, armés d'appareils étranges, aussi brillants que
menaçants, les uns en acier bruni, glacé d'or, les
autres à houppes soyeuses, feutrées de noirs velours;
tels à fins pinceaux de soie fauve sur un riche fond
acajou; celui-ci en velours grenat piqué d'or; puis
des bleus lustrés, inouïs, relevés de points veloutés.
Ailleurs des rayures métalliques, alternées de velours mats.

Il en était qui semblaient dire : « Nous sommes
toute la nature à nous seuls. Si elle périt, nous en
jouerons la comédie, et nous simulerons tous les
êtres. Car, si vous voulez des fourrures, nous voici en
palatines, telles que n'en porta jamais l'impératrice
de Russie; et, si vous voulez des plumes, nous voici
tout emplumés pour défier l'oiseau-mouche; et, si
vous voulez des feuilles, nous sommes feuilles à s'y
tromper. Le bois même, toutes les substances, il
n'est rien que nous n'imitions. Prenez, je vous prie,
cette branche, et tenez.... c'est un insecte. »

Alors, je défaillis vraiment. Je fis une humble
révérence à ce peuple redoutable, je sortis de l'antre
magique la tête en feu, et longtemps ces masques
étincelants dansaient, tournaient, me poursuivaient,
continuant sur ma rétine leur bal effréné.

Je les avais vus là pourtant sous des cadres et dans des boîtes, aussi morts que dans la nature ils furent ardents et fourmillants. Qu'eût-ce donc été de les voir dans l'animation, vivants, surtout dans les climats de feu où ils abondent et surabondent, où tout s'harmonise avec eux, où l'air, où l'eau, où la flore, imprégnés de flammes fécondes, rivalisent avec l'âpre ardeur des légions animales pour la fureur de l'amour, la production précipitée et renouvelée sans cesse par la mort impatiente?

Les forêts américaines du Brésil et de la Guyane sont les redoutables officines où se brasse incessamment le grand échange des êtres. La féerie bizarre du règne végétal s'accorde à celle des forces animées. Des cris sauvages, âpres, plaintifs, non des chants, en sont le concert. Des voix étranges d'oiseaux, dans les bois, dans les savanes, se relayent vibrantes, rauques, mais régulières et comme pour indiquer les heures. Elles sont l'horloge du désert. Autres de jour, autres de nuit, parfaitement distinctes aussi en ces trois moments, du matin, du midi et du soir. Elles inquiètent, en ce qu'elles reproduisent nos voix ou nos bruits; elles semblent ironiques et moqueuses. Tel crie, tel siffle et tel soupire. Celui-ci sonne la cloche, celui-là frappe du marteau, et un autre fait entendre les sons de la cornemuse. L'immensité des campos retentit de la grande voix du cariama. Et celle du vainqueur des serpents, du courageux kamichi, âpre et forte, sur les marécages, fait tressaillir le sauvage, qui a cru ouïr passer les esprits.

Le soir, au chant de la cigale, au coassement des grenouilles, au cri des chouettes, aux lamentations des vampires, s'unit le hurlement des singes. Mais un sifflement arraché comme d'une poitrine déchirée les fait taire, répand la terreur. Il indique la présence du rôdeur aux griffes aiguës, du rapide jaguar.

Du reste, rien ne rassure ici. Ces eaux vertes, si paisibles, d'où s'entendent par moments quelques soupirs étouffés, si vous y mettiez le pied, vous verriez avec terreur que ce sont des eaux solides. Des caïmans, de leurs dos verdâtres, comme des mousses ou herbes aquatiques, en font la superficie. Qu'un être vivant paraisse, tout lève la tête, tout grouille; on voit dans toute sa terreur se dresser l'étrange assemblée. Est-ce tout?.... Ces monstres eux-mêmes qui règnent à la surface, ils ont en dessous des tyrans. Le piranga, poisson rasoir, aussi rapide que le caïman est lourd, de la fine scie de ses dents, avant qu'il ait pu se tourner, lui coupe la queue et l'emporte. Ce caïman, presque toujours ainsi mutilé, périrait, si sa cuirasse n'empêchait son ennemi de le disséquer. Ce terrible anatomiste, d'un éclair de son scalpel, ampute au passage, au vol, les oiseaux qui rasent les flots. Nombre d'oiseaux aquatiques qu'on prend sont ainsi mutilés. Qu'est-ce donc des quadrupèdes? les plus puissants sont dévorés. Un horrible combat se passe sans cesse dans ces eaux profondes, eaux vivantes et combles de vie, mais combles de mort aussi, où se réalise à la lettre un rapide et furieux suicide de la nature, se dévorant pour se refaire.

Les insectes sont au niveau en furie et en beauté. L'exaltation de la vie, manifestée chez les taons, les moustiques, par la soif du sang, se révèle en d'autres espèces par de ravissantes couleurs, des bizarreries de dessin, des singularités de formes, qui étonnent ou qui effrayent. Le charançon impérial, fier dans sa verte cuirasse pointillée de poudre d'or, semble avoir traversé les mines de cette terre des métaux, et s'être enrichi au passage. Les buprestes, d'un vert plus jaune, semblent des pierreries toutes montées qui vont et qui marchent. L'arlequin de la Guyane, faucheur gigantesque, armé d'antennes démesurées et de prodigieuses jambes, pour courir par les obstacles innombrables d'herbes hautes, l'arlequin est marqueté sur fond jaune de virgules noires, d'inexplicables hiéroglyphes, être doublement étrange ; doublement énigmatique. Il rappelle singulièrement la combinaison des tissus indiens, où, pour accorder des couleurs qui n'iraient pas toujours ensemble, l'artiste fait des lignes brisées, ondulées, qui en adoucissent, en achèvent l'harmonie.

Les papillons, doux insectes qui aiment la société, couvrant les rives de leurs tribus ailées, transforment toute la prairie en ravissants tapis de fleurs. Le papillon par excellence, le glorieux papillon du Brésil, d'un bleu riche à reflets changeants, plane mollement, aux heures brûlantes, sur les eaux que couvre le dôme impérial des forêts en fleurs. Être pacifique et splendide, qui semble le roi innocent de cette puissante nature. D'autres le suivent, non moins beaux, et toujours d'autres encore. La magnifique légion suit, de son azur flottant, le courant des eaux.

Voilà les langues de l'amour. L'iris infini de tant de couleurs n'est pas autre chose; c'est sa traduction variée. Mais quoi? si l'amour lui-même paraissait sans intermédiaire.

Déjà, chez nous, la timide luciole, immobile sous le buisson, laisse voir sa petite lampe qui doit guider dans la nuit l'amant vers l'amante. En Italie, elle s'agite, et sa flamme a pris des ailes. J'en fus frappé, dès le Piémont, aux eaux brûlantes d'Acqui, où le soufre était partout; la danse effrénée des lumières semblait aiguillonnée des feux que la terre a dans ses entrailles. Au Brésil, des feuilles même sont inondées de phosphore. Comment manquerait-il à l'insecte pour l'illumination des noces? Cette merveille, sous les tropiques, brille partout et enchante tout. On en connaît deux cents espèces à qui la nature a donné la poétique faculté d'expirer la flamme et d'enchanter leur grande fête par cette poésie de lumière.

Une charmante femme allemande, Mlle Mérian, transplantée sous ces zones de feu, nous a conté naïvement l'effroi qu'elle eut de leurs merveilles. Fille, petite-fille d'excellents et laborieux graveurs, elle-même artiste et très-lettrée, elle nous a donné en latin, en hollandais et en français, un admirable ouvrage pittoresque sur les insectes de Surinam. La savante dame, dans une vie exemplaire de malheurs et de vertus, n'eut qu'une folie (qui n'a la sienne?) : ce fut l'amour de la nature. Elle quitta l'Allemagne pour la Hollande, attirée par ses collections uniques, brillantes des trésors des deux mondes. Puis cela ne lui suffit pas, elle passa à la Guyane et y peignit plusieurs années. Elle unissait dans le même tableau (méthode excellente) l'insecte, la plante dont il vit, le reptile qui vit de l'insecte. Consciencieuse comme elle était, elle cherchait et faisait poser ses redoutables modèles, dont pourtant elle avait peur. Une fois que les Indiens sauvages lui

avaient apporté un panier d'insectes, elle s'endort
après le travail. Mais un rêve étrange lui trouble son
chaste sommeil. Il lui semble entendre une lyre, une
amoureuse mélodie. Puis cette mélodie s'enflamme,
ce n'est plus un chant, c'est un incendie. Toute la
chambre est pleine de feu.... Elle s'éveille, et tout
était vrai. Le panier était la lyre, le panier était le
volcan. Elle vit bien vite heureusement que ce volcan ne brûlait pas. Les captifs étaient des fulgores;
leur chant était celui des noces, et leur flamme la
flamme d'amour.

Dans ces contrées, on voyage beaucoup la nuit
pour échapper à la chaleur. Mais on n'oserait s'en-
gager dans les ténèbres peuplées des profondes forêts, si les insectes lumineux ne rassuraient le voyageur. Il les voit briller au loin, danser, voltiger. Il
les voit de près, posés sur les buissons à sa portée.
Il les prend pour l'accompagner, les fixe sur sa
chaussure pour lui montrer son chemin et pour
faire fuir les serpents. Mais, quand l'aube se fait
voir, reconnaissant et soigneux, il les pose sur un
buisson, les rend à leur œuvre amoureuse. C'est un
doux proverbe indien : « Emporte la mouche de
feu; mais remets-la où tu l'as prise. »

Qui ne s'attendrirait à cette flamme? Elle suit le
mouvement de la vie, elle flamboie, elle pâlit en
cadence avec le flux, le reflux de notre respiration;

elle va jusqu'au rhythme du cœur. Il se dilate ou se contracte en accord avec elle, et le trouble de la passion trouble aussi ce tremblant flambeau

Qu'est-ce au fond ? le désir visible, l'effort de plaire et d'être aimé, traduit de cent manières diverses dans les langues de la lumière. L'un, d'un bleu incomparable, à la tête de rubis, efface en scintillation le charbon ardent. L'autre, plus mélancolique, s'enfonce dans un rouge sombre. Tel, du jaune de la flamme, pâlissant encore et passant au vert, semble exprimer les langueurs, les abattements, les orages des violents amours du Midi.

La fille ardente d'Espagne, plus âpre sous le ciel d'Amérique, met la main sur l'être de la flamme, elle le saisit comme sien. Elle en fait un talisman, son bijou et sa victime. Brûlant, elle se le pose sur son sein brûlant ; il doit y mourir.

Nul usage qu'elles n'en fassent. Par une coquetterie hardie, liant de soie, emprisonnant de gaze ces flammes animées, elles les tournent en ardents colliers, les roulent autour de la taille en ceintures de feu. Elles arrivent reines au bal sous un diadème infernal de topazes vivantes, de sensibles émeraudes, qu'on voit flamboyer ou pâlir (de leur amour ? de leur souffrance ?). Parure brillante et funèbre d'un magnétisme sinistre, où le charme s'augmente d'un sentiment de mort. Elles dansent ;

la flamme moins vive associe ses doux reflets, qui paraissent s'attendrir, aux langueurs d'un profond œil noir. Elles dansent sans fin et sans raison, sans pitié ni souvenir de la lumière amoureuse qui meurt et s'éteint sur leur sein, muette et sans voix pour leur dire : « Remets - moi où tu m'as prise. »

XIII

LA SOIE

XIII

LA SOIE.

L'idéal des arts humains dans le filage et le tissage, me disait un Méridional (fabricant, mais inspiré), l'idéal que nous poursuivons, c'est un beau cheveu de femme. Oh ! que les plus douces laines, que le coton le plus fin sont loin de l'atteindre ! à quelle énorme distance de ce cheveu tous nos progrès nous laissent et nous laisseront toujours ! Nous nous traînons bien loin derrière, et regardons avec envie cette perfection suprême que tous les jours la nature réalise en se jouant.

« Ce cheveu fin, fort, résistant, vibrant d'une légère sonorité qui va de l'oreille au cœur, et avec cela doux, chaud, lumineux et électrique.... c'est la fleur de la fleur humaine.

« On fait de vaines disputes du mérite de la couleur. Qu'importe? le noir brillant contient et promet la flamme. Le blond la montre avec les splendeurs de la Toison d'or. Le brun chatoyant au soleil, s'approprie le soleil même, s'en sert, le mêle à ses mirages, flotte, ondoie, varie sans cesse dans ses reflets ruisselants, par moments sourit de lumière et par moments s'assombrit, trompe toujours, et, quoi qu'on en dise, vous donne un démenti charmant.

« L'effort capital, infini, de l'industrie humaine, a combiné tous les moyens pour rehausser le coton. Entre les Vosges et le Rhin, le rare accord des capitaux, des machines, des arts du dessin, enfin des sciences chimiques, a produit ces beaux résultats de l'indienne d'Alsace, auxquels l'Angleterre elle-même rend hommage en les achetant. Hélas ! tout cela ne peut pas déguiser encore la pauvreté originaire du tissu ingrat qu'on a tant orné. Si la femme qui s'en revêt avec vanité et s'en croit plus belle veut laisser tomber ses cheveux et en dérouler les ondes sur cette indigente richesse de nos plus brillants cotons, qu'adviendra-t-il ? et combien ce vêtement sera-t-il humilié !

« Monsieur, il faut l'avouer, une seule chose se soutient à côté du cheveu de femme. Un seul fabricant peut lutter. Ce fabricant est l'insecte, le modeste ver à soie. »

Un charme particulier entoure les travaux de la soie. Elle ennoblit ce qui l'entoure. En traversant nos plus rudes contrées, les vallées de l'Ardèche, où tout est rochers, où le mûrier, le châtaignier, semblent se passer de la terre, vivre d'air et de caillou, où de basses maisons en pierre sèche attristent les yeux de leur teinte grise, partout je voyais à la porte, sous une espèce d'arcade, deux ou trois charmantes filles, au teint brun, aux blanches dents, qui souriaient au passant et filaient de l'or. Le passant leur disait tout bas, emporté par la voiture : « Quel dommage, innocentes fées, que cet or ne soit pas pour vous ! Au lieu de le déguiser d'une couleur inutile, de le défigurer par l'art, qu'il gagnerait à rester lui, et sur ses belles fileuses ! Combien mieux qu'aux grandes dames ce royal tissu vous irait ! »

Il suffit de voir la soie pour dire qu'elle n'est pas d'ici, pas plus que toute chose douce. Le doux, l'exquis, vient d'Orient. Notre Occident, ce dur soldat, ce forgeron, ce mineur, n'est que pour fouiller. C'est la bonne mère Asie, dédaignée de son rude fils, qui lui a donné les choses où paraît l'essence du globe. Avec le cheval arabe et le rossignol, elle lui a donné le café, le sucre et la soie, les ravivements de l'existence et la vraie parure d'amour.

Quand la soie arriva à Rome, les impératrices

sentirent qu'avant d'avoir ce vêtement elles étaient restées plébéiennes. Elles l'assimilèrent, pour son doux éclat, aux perles orientales, la payant, sans marchander, aux prix des perles et de l'or.

La Chine y tenait tellement que, pour en garder le monopole, elle avait mis peine de mort pour celui qui oserait exporter le ver à soie. Ce ne fut qu'à grand péril, en le cachant dans une canne creuse, qu'on réussit à l'en sortir pour le porter à Byzance, d'où il passa en Occident.

Le moyen âge, l'âge d'indigence et de disputes stériles, où la laine était un luxe pour les riches, où le pauvre portait de la toile en hiver, n'eut garde de songer à la soie. L'Italie la fabriqua seule.

C'est l'or des soies de Vérone qui, dans le Giorgion, au puissant début de l'art vénitien, ou dans le fort Titien, le maître des maîtres, pare d'un rutilant rayon leurs blondes et leurs rousses admirables, les premières beautés du monde.

D'autre part, dans un âge de déclin, lorsque l'Espagne et la Flandre avaient pâli, le peintre mélancolique qui préféra entre toutes les femmes entamées par la vie, la fleur malade, le fruit trop tôt piqué, mûri par l'aiguillon, Van Dyck revêt de blanche soie, comme d'un consolant rayon de la lune, ses belles inclinées, languissantes. Sous leurs satins aux plis si doux, elles troublent encore les cœurs de vains rêves et de regrets.

La femme qui sut rester belle jusqu'au dernier déclin de l'âge, dont le chiffre inscrit partout nous enseigne que l'amour peut vaincre le temps, Diane de Poitiers, dans son art profond, fit exactement le contraire de nos étourdies, qui changent sans cesse, comme pour amuser les passants, ne laissent nulle trace au cœur et ne font nulle impression. Elle laissa ces Iris se délecter elles-mêmes de leur fugitif arc-en-ciel. Elle, comme la Diane du ciel, elle garda même costume, blanc ou noir, et toujours la soie.

Ce fut pour lui plaire que Henri II porta les premiers bas de soie, et le fin justaucorps de soie, qui marquait dans toute sa grâce une taille svelte et nerveuse. On sait l'ardente passion qu'Henri IV montra plus tard pour cette noble industrie, plantant des mûriers partout, sur les routes, sur les places, dans les cours de ses palais et jusque dans ses Tuileries. La soie de tenture, de décoration, de meubles, d'étoffes à fleurs, prit bientôt son essor à Lyon, qui en fournit toute l'Europe.

Le dirai-je cependant? Les grands et profonds effets ne sont nullement ceux de la soie ornée. La soie laissée en nature et pas même teinte est dans un rapport plus intime avec la femme et la beauté.

L'ambre et les perles, un peu jaunes, avec les gui-
pures et dentelles, pas trop jeunes, sont les seuls
objets que la soie aime pour voisins.

Noble parure, nullement voyante, qui prête un
charme de douceur à la trop vive jeunesse, et donne
à la beauté pâlie son plus attendrissant reflet.

Il y a là un vrai mystère qui nous charme. La
couleur ou le brillant? Le coton a bien son brillant,
et, sous l'apprêt, il prend souvent une agréable
fraîcheur. La soie n'est pas proprement brillante,
mais lumineuse, d'une douce lumière électrique,
tout naturellement concordante à l'électricité de
femme. Tissu vivant, elle embrasse volontiers la
personne vivante.

Les dames de l'Orient, avant qu'elles adoptassent
les sottes modes d'Occident, n'avaient que deux vêtements: dessus, le vrai cachemire (si fin que le plus
vaste châle devait passer par un anneau), et dessous,
une belle tunique de soie, d'un blond pâle, ou plutôt paillé, d'un reflet d'ambre magnétique.

Ces deux vêtements étaient moins des vêtements
que des amis, de doux esclaves, de souples et charmants flatteurs: le cachemire chaud, caressant, se
prêtant à tout, se roulant de lui-même après le bain
sur la baigneuse frissonnante; la tunique de soie,
au contraire, légère, aérienne, pas trop diaphane.
Sa blonde blancheur la mariait parfaitement au mat

de la peau ; on aurait dit volontiers qu'elle tenait cette couleur de sa constante intimité et de sa tendre accoutumance. Inférieure à la peau sans doute, elle semblait pourtant un peu sœur, ou plutôt elle finissait par faire partie de la personne et s'y fondre, en quelque sorte, comme un rêve mêlé à toute l'existence et qu'on n'en détache plus.

XIV

LES INSTRUMENTS DE L'INSECTE

ET SES ÉNERGIES CHIMIQUES, POURPRE
CANTHARIDE, ETC.

XIV

LES INSTRUMENTS DE L'INSECTE

ET SES ÉNERGIES CHIMIQUES, POURPRE CANTHARIDE, ETC.

Ai-je insisté trop là-dessus? Nullement, je suis au fond, au plus profond de mon sujet.

La soie n'en est pas un aspect particulier, mais général. Presque tout insecte fait de la soie.

On s'est tenu jusqu'ici à une soie, celle du bombyx, même à celle d'une espèce de bombyx assez peu fécond. Espérons que la méritante Société d'acclimatation nous donnera le bombyx chinois qui vit sur le petit chêne, dont la soie forte, à bon marché, peut habiller les plus pauvres. Tous dès lors pourront revêtir un habit chaud et léger, imperméable, solide ; ajoutez beau, brillant, noble. Un tel changement serait, à mes yeux, l'ennoblissement général, la transfiguration du peuple.

Réaumur a dit dès longtemps que nombre de chrysalides fourniraient une belle soie. L'araignée en donnerait une, aussi fine que résistante. Voir l'admirable voile de soie d'araignée que l'on conserve au Muséum.

Arachné, si délicate, au fil léger comme un nuage si fin et pourtant si fort, qui sort de ses mamelons, Arachné est par excellence la tisseuse. Mais l'insecte, en général, est la fileuse, vouée à cet art féminin. J'allais dire : L'insecte est femme.

Chez nous, féminin veut dire faible ; chez eux, c'est le synonyme de la force et de l'énergie. C'est, comme maternité surtout, pour défendre et nourrir l'enfant, pour approvisionner le berceau où il va rester seul et orphelin, c'est pour cela spécialement que l'insecte est un être de guerre, muni d'armes redoutables.

Pour les instruments qui percent, taillent, scient, etc., malgré tous nos progrès, l'insecte a peut-être encore aujourd'hui un peu d'avance sur l'homme. L'instinct de la maternité, le besoin d'ouvrir à l'enfant, à son futur orphelin, l'abri protecteur des corps les plus durs, lui a fait faire évidemment des efforts extraordinaires pour développer, affiner ses outils. Quelques-uns, assez bizarres, n'ont pas encore d'analogues chez Charrière ni chez Sirhenry.

Bien avant que Réaumur organisât le thermomètre, les fourmis, soignant leurs œufs délicats, hygrométriques, sensibles au froid, au soleil, divisaient leurs habitations en échelle de trente ou quarante étages, descendant ou remontant les petites créatures, juste au degré de chaleur, de sécheresse ou d'humidité, que la température du jour et de l'heure du jour leur rend nécessaire. Infaillible thermomètre sur lequel on peut se régler avec autant de certitude que sur celui des physiciens.

Dans ces comparaisons de l'industrie des insectes avec la nôtre, les différences qu'on remarque ne tiennent pas aux méthodes mêmes, mais à la spécialité de leurs besoins, de leur situation Ils varient leurs arts à propos. L'araignée, par exemple, qui, dans son filet de chasse chaque jour improvisé, mêle le collage au tissage pour alléger l'opération, suit un procédé différent dans son travail solennel des cocons durables, doux, chauds, qui doivent recevoir ses petits. Ce nid semblerait plutôt en partie tissu, en partie feutré, comme la plupart des nids d'oiseaux.

On sait que l'araignée aquatique nous a donné le

modèle des cloches à plongeur; mais on ne sait pas encore généralement qu'un ingénieux paysan de Normandie vient d'imiter parfaitement le procédé de la larve des syrphes, qui, par un appareil respiratoire extrêmement prolongé, reste en communication avec l'air pur et sain, alors même qu'elle travaille au fond des eaux les plus putrides.

Il semble qu'une pharmacie, une chimie, une parfumerie tout entière, soit dans les insectes. Les sciences s'en sont-elles assez occupées? La vie puissante qui donne aux muscles de ces êtres si petits des forces extraordinaires, semble aussi douer leurs liquides de propriétés énergiques que n'ont pas les grands animaux, d'énergies brûlantes. Plusieurs ont, pour se défendre, des caustiques qu'ils lancent au moment où vous approchez, ou comme des poudres fulminantes. Plusieurs, des venins qui coulent où est entré l'aiguillon. Quelques-uns ont, de surcroît, un art pour magnétiser ou éthériser l'ennemi. D'autres, comme certaines fourmis qui travaillent dans les bois humides, assainissent leurs demeures en les brûlant pour ainsi dire par la force de l'acide formique.

Le genre entier des cérambyx exhale une odeur de rose, forte, qui s'annonce au loin, durable, qui reste après la mort. Même chez des carnassiers, même chez des mangeurs de fumier (coprophages), on trouve des insectes parfumés, ou qui, du moins, s'ils sont en danger d'être pris, pour vous distraire ou comme pour demander grâce, jettent des odeurs agréables.

D'autres éclatent par des teintures admirables. Les rouges sombres de la cochenille du nopal ont fourni la pourpre des rois.

Par un mélange, on obtient encore de la cochenille la couleur gaie par excellence, souriante, le carmin avec les teintes et nuances innombrables de la rose.

Un art souverain des insectes, c'est de porter par la piqûre et de concentrer sur un point les liquides qui courent dans la plante, dans l'être vivant. C'est l'art même de l'irritation. Les applications en sont innombrables en industrie, en médecine; teintures, peintures, ornements variés, cent choses bizarres et jolies nous viennent de la piqûre des galles, des excroissances et gibbosités qu'ils font lever habilement.

Une cochenille, en travail pour tirer par ce procédé, de végétaux exotiques, l'enveloppe de gomme solide où elle veut passer son sommeil, nous donne le rouge des rouges, l'écarlate de la laque, qui colorera les vernis, la cire, une foule d'objets.

En mal, en bien, les piqûres d'insectes sur la chair vivante sont de violents dérivatifs pour troubler le cours de la vie, ou le rétablir. Rien de médiocre en eux. Quelques-uns, sans aiguillon, vous brûlent par leur âcreté intérieure.

Qui n'a vu dans une campagne poudreuse, devant la moisson altérée, la cantharide, en émail vert, croiser âprement le sentier d'un pas saccadé et farouche? Brûlant élixir de vie, où l'amour se change en poison : ce n'est guère impunément qu'on l'emploie en médecine. Cette pharmacie du moyen âge, dangereuse à l'homme, n'est pas innocente, ce semble, pour les animaux eux-mêmes. Une chatte, très-intelligente, mais d'une ardeur excentrique, que j'ai eue longtemps, entre autres caprices violents, faisait la chasse aux cantharides. L'âcreté du bel insecte semblait l'attirer, comme la flamme le papillon. C'était un enivrement. Mais quand, à travers les fleurs, elle avait saisi, broyé sa dangereuse victime, celle-ci semblait se venger. L'inflammable nature féline, piquée de cet aiguillon, éclatait en cris, en fureurs, en bonds étranges. Elle expiait cette orgie de feu par d'atroces douleurs.

Tout au contraire, un autre insecte, le ver du bambou, ou le malalis, si vous en ôtez la tête qui est un mortel poison, vous offre une crème exquise, dont l'effet doux et soporatif est, disent les Indiens du Brésil, d'endormir l'amour. Deux jours, deux nuits, la jeune fille qui y a goûté, assoupie sous l'arbre en fleur, n'en court pas moins en esprit la profondeur des forêts vierges, le mystère des fraîches rives qui n'ont jamais vu le soleil ni le pas de l'homme, rien que le vol solitaire du grand papillon d'azur. Mais elle n'y est pas seule ; l'amour y étanche sa soif des fruits les plus délicieux.

XV

DE LA RÉNOVATION DE NOS ARTS

PAR L'ÉTUDE DE L'INSECTE

XV

DE LA RÉNOVATION DE NOS ARTS

PAR L'ÉTUDE DE L'INSECTE.

Les arts proprement dits, les beaux arts, profite-
raient encore plus que l'industrie de l'étude des
insectes. L'orfévre, le lapidaire, feront bien de leur
demander des modèles et des leçons. Les insectes
mous, les mouches, ont spécialement dans leurs
yeux des iris vraiment magiques, près desquels
aucun écrin ne soutient la comparaison. Ce sont,
toujours en passant d'une espèce à l'autre, et même,
si je ne me trompe, de l'individu à l'autre, des
combinaisons nouvelles. Notez que les mouches
aux ailes brillantes ne sont pas toujours les plus

avantagées du côté des yeux. Prenez la mouche aux
chevaux, terne, grise, poudreuse, odieuse, qui ne
vit que de sang chaud : son œil, au verre grossissant,
offre la féerie étrange d'une mosaïque de pierreries,
telle qu'à peine l'eût trouvée tout l'art de Froment-
Meurice.

Si vous descendez plus bas, des insectes qui
ne vivent pas, comme cette mouche, de matières
vivantes, mais de choses mortes, d'ordures et de
décompositions, étonnent par la richesse de leurs
reflets, que nos émaux devraient tâcher de reproduire. Le bousier, lourd insecte noir à le regarder
par le dos, offre au ventre un sombre saphir, comme
on n'en a jamais vu dans la couronne des rois. Et
que dire du fils des morts, du scarabée de l'Égypte,
vivante émeraude, mais tellement supérieur à cette
pierre par la gravité, l'opulence, la magie du reflet !
L'imagination est saisie, et l'on ne s'étonne point
que ce peuple tendre et pieux, si amoureux de la
mort, plein des rêves de l'éternité, lui ait donné
pour symbole ce petit miracle animal, jet brûlant
de vie sorti du sépulcre.

Il faut un art de regarder, un choix du jour et des
lumières. Ce n'est ni au même jour ni à la même
heure qu'on peut observer l'insecte des tropiques et
celui de nos climats. Le premier ne doit être vu que
par un temps favorable, de ciel pur et de grand

soleil, sous un vif et chaud rayon, analogue à la lumière où il baignait dans son pays. L'autre, parfois nul à la vue, mais déjà plus beau sous le microscope peut réserver ses grands effets à l'éclairage du soir, à la lumière artificielle. Le hanneton, rude et prosaïque au premier aspect, promet peu. Cependant son aile écailleuse, mise au foyer du microscope, bien éclairée en dessous du petit miroir, et vue ainsi par transparence, offre une noble étoffe d'hiver, feuille morte, où serpentent des veines d'un très-beau brun. Et le soir, c'est bien autre chose : plus de brun, la partie jaunâtre de l'écaille a pris le dessus ; elle paraît seule à la lumière un or (triste comparaison !), un or étrange, magique, or de paradis, comme on le rêve pour les murs de la Jérusalem céleste ou pour les vêtements de lumière que les âmes portent devant Dieu. Soleil plus doux que le soleil, et qui, on ne sait pourquoi, charme et attendrit le cœur.

Mirage étrange !... et qu'ai-je dit !... Toute cette fête de lumière, c'était l'aile d'un hanneton !

Maintenant il est tel insecte qui ni le jour, ni la nuit, ni à l'œil nu, ni au microscope, n'exciterait, d'intérêt ; mais, si vous prenez la peine, avec un scalpel patient, délicat, de soulever dans l'épaisseur de son aile écailleuse les feuillets qui la composent, vous trouverez le plus souvent des dessins inattendus, parfois de courbes végétales, de légers rameaux, parfois de figures angulaires striées, comme hiéroglyphiques, qui rappellent l'alphabet de certaines langues orientales. Vrai grimoire, en réalité, qu'on ne peut ramener, comparer à aucune forme connue.

Ces étranges caractères, qui attirent fortement l'œil, le ramènent toujours, inquiètent l'esprit, sont très-dignes de cet intérêt. Ce qu'ils disent et expriment dans leurs langues saillantes, c'est la circulation de la vie. Les unes sont les tubes par lesquels l'air passe dans l'aile et la distend pour le vol ; les autres, les petites veines où circulent les puissants liquides qui donnent à l'être imperceptible ses couleurs et son énergie.

Les formes les plus charmantes, ce sont les formes vivantes. Tirez-vous une goutte de sang ; regardez-la au microscope. Cette goutte en s'étendant vous offre une arborescence délicieuse, la finesse, la légèreté qu'ont certains arbres l'hiver, quand ils se révèlent en leur figure vraie et ne sont plus ombrés de feuilles.

Ainsi, l'infinie puissance de beauté qu'a la nature ne se borne pas aux surfaces, comme l'avait cru l'antiquité. Elle ne s'occupe pas de nos yeux ; elle travaille pour son œuvre même, non pour le regard. De la surface au dedans, elle va augmentant souvent la beauté en profondeur. Elle rend éminemment belles des choses absolument cachées, que la mort seule dévoilera. Parfois, comme pour nous contredire et confondre nos idées, elle fait ravissants de formes des organes qui, selon nous, accomplissent de basses fonctions. Je pense à l'extrême beauté, à la tendre délicatesse de cet arbre de corail qui pompe incessamment le chyle de nos intestins.

Pour revenir aux insectes, la beauté abonde chez eux, au dehors et au dedans. Il n'est nullement nécessaire de fouiller loin pour la retrouver. Prenons un insecte fort peu rare, que je trouve à chaque instant sur le sable de Fontainebleau, dans les endroits bien soleillés. Prenons, non sans précaution, car elle est fort bien armée, la brillante cicindèle. Très-agréable à l'œil nu, elle apparaît au microscope le plus riche objet peut-être, le plus varié que l'art puisse étudier. Créatures vraiment surprenantes ! Chaque individu diffère ; tous émaillés, tous parés à l'excès, sans se ressembler. A chacun que l'on peut prendre et étudier à part, ce sont nouvelles découvertes.

C'est un animal chasseur des autres insectes, très-ardent et très-meurtrier, pourvu d'armes admirables, ayant devant pour mandibules deux redoutables croissants qui se ferment l'un dans l'autre, transpercent profondément, et de deux côtés, sa

proie. Cette nourriture vivante et riche semble
peindre la cicindèle de ses merveilleuses couleurs.
Tout y est. Sur les ailes, un semis varié d'yeux de
paon. Au corselet, des *vermicels* diversement et
doucement noués serpentent sur un fond sombre. Le
ventre, les jambes, sont glacés dans des tons si riches qu'aucun émail ne soutiendrait la comparaison ; l'œil à peine en supporte la vivacité. L'étrange,
c'est que, près des émaux, vous trouvez les tons
mats des fleurs et de l'aile du papillon. A tous ces
éléments divers, ajoutez des singularités qu'on croirait de l'art humain, dans les genres orientaux,
persan, turc, ou du châle indien, où les couleurs, un
peu éteintes, ont pris une basse admirable ; le temps,
à leur harmonie, a mis peu à peu la sourdine.

Franchement, quoi de semblable ou qui approche de loin, dans nos arts? Combien ils auraient
besoin, fatigués qu'ils semblent, alanguis, de reprendre à ces sources vives !

En général, au lieu d'aller directement à la nature,
à l'intarissable fontaine de beauté et d'invention, ils
ont demandé secours à l'érudition, aux arts d'au-
trefois, au passé de l'homme.

On a copié les vieux bijoux, parfois ceux des peu-
ples barbares qui les tiraient de nos marchands.
On a copié les vieilles robes, les étoffes de nos aïeules.
On a copié surtout les vitraux gothiques, dont les

formes et les couleurs ont été prises au hasard, transportées sur les objets qui pouvaient le moins s'y prêter, par exemple sur les châles.

Ces vieux vitraux, si l'on voulait les comprendre et les refaire, certains émaux de scarabées en auraient donné leçon. Ils offrent au microscope des effets fort analogues, justement parce qu'ils ont ce qui en faisait la beauté. Les vitraux du xiiie siècle (voyez à Bourges, et spécialement au musée de cette ville) étaient doubles. La lumière y restait, ne les traversait pas, leur donnait des effets magiques de pierreries. Telles sont ces ailes d'insectes composées de plusieurs feuillets, entre lesquels, au microscope, vous voyez courir un réseau de caractères mystérieux.

Le gothique, si peu en rapport avec nos besoins, nos idées, est sorti de l'ameublement. Mais il est resté dans le châle. Riche et coûteuse industrie qui, entrée une fois en cette voie bizarre d'imiter en laines opaques les vitraux dont la transparence est tout le mérite, a grand'peine à en sortir.

On n'a pas consulté les femmes. Les hommes, pour faire de l'art et des dessins compliqués, entassant arceaux et vitreaux, condamnant nos dames à porter des églises sur le dos, ont, à ces pesants dessins, donné la base pesante des plus fortes laines. Le tout expédié de Londres, de Paris, pour être tissu servilement par les Indiens, qui ont désappris leurs arts.

Nos intelligents marchands de Paris, qui ont suivi à regret la voie qu'imposaient les grands producteurs, pourront fort bien un matin échapper aux genres lourds et *riches*. Quelqu'un perdra patience, et, tournant le dos aux copistes de vieilleries, ira demander conseil à la nature elle-même, aux grandes collections d'insectes, aux serres du Jardin des Plantes.

La Nature, qui est une femme, lui dira que pour parer ses sœurs, au tissu doux, léger, de l'ancien cachemire, il faut inscrire, non pas les tours de Notre-Dame, mais cent créatures charmantes, — si vous voulez, ce petit prodige, si commun, de la cicindèle, où tous les genres sont mêlés; — moins que cela, le scarabée de pourpre glorifié dans son lis; — ou la verte chrysomèle, que ce matin j'ai trouvée sensuellement blottie au fond d'une rose.

Est-ce à dire qu'il faille copier? Point du tout. Ces êtres vivants, et dans leur robe d'amour, par cela seul ont une grâce, je dirai une auréole animée, qu'on ne traduit pas. Il faut les aimer seulement, les contempler, s'en inspirer, en tirer des formes idéales, et des iris tout nouveaux, de surprenants bouquets de fleurs. Ainsi transformés, ils seront, non pas tels que dans la nature, mais fantastiques et merveilleux, comme l'enfant qui les désire les vit en dormant, ou la fille amoureuse d'une belle parure, ou comme la jeune femme enceinte dans ses envies les a rêvés.

XVI

L'ARAIGNÉE, L'INDUSTRIE, LE CHOMAGE

XVI

L'ARAIGNÉE, L'INDUSTRIE, LE CHOMAGE.

Avant de passer aux sociétés d'insectes qui rempliront le dernier livre, parlons ici d'un solitaire.

Plus haut, plus bas que l'insecte, l'araignée s'en sépare par l'organisation, s'en rapproche par les instincts, les besoins, l'alimentation.

Être fortement spécialisé en tous sens, elle se trouve hors des grandes classes, et comme à part dans la création.

Dans les pays plantureux des tropiques, où le gibier surabonde, elle vit en société. On en cite qui tendent autour d'un arbre un vaste filet commun, dont elles gardent les avenues en parfait concert. Bien plus, ayant souvent affaire à des insectes puissants, même à de petits oiseaux, elles coopèrent dans le péril et elles se prêtent main-forte.

Mais cette vie sociétaire est tout exceptionnelle, bornée à certaines espèces, aux climats les plus favorisés. Partout ailleurs l'araignée, par la fatalité de sa vie, de son organisme, a le caractère du chasseur, celui du sauvage qui, vivant de proie incertaine, reste envieux, défiant, exclusif et solitaire.

Ajoutez qu'elle n'est pas comme le chasseur ordinaire qui en est quitte pour ses courses, ses efforts, son activité. Sa chasse, à elle, est coûteuse, si j'ose dire, et exige une constante mise de fonds. Chaque jour, chaque heure, de sa substance elle doit tirer l'élément nécessaire de ce filet qui lui donnera la nourriture et renouvellera sa substance. Donc, elle s'affame pour se nourrir, elle s'épuise pour se refaire, elle se maigrit sur l'espoir incertain de s'engraisser. Sa vie est une loterie, remise à la chance de mille contingents imprévus. Cela ne peut manquer de faire un être inquiet, peu sympathique à ses semblables, où elle voit des concurrents; tranchons le mot, un animal fatalement égoïste. S'il ne l'était, il périrait.

Le pis, pour ce pauvre animal, c'est qu'il est laid foncièrement. Il n'est pas de ceux qui, laids à l'œil nu, se réhabilitent par le microscope. La spécialité trop forte du métier, nous le voyons chez les hom-

mes, atrophie tel membre, exagère tel autre, exclut
l'harmonie; le forgeron souvent est bossu. De même
l'araignée est ventrue. En elle la nature a tout sa-
crifié au métier, au besoin, à l'appareil industriel
qui satisfera le besoin. C'est un ouvrier, un cordier,
un fileur et un tisseur. Ne regardez pas sa figure,
mais le produit de son art. Elle n'est pas seulement
un fileur, elle est une filature. Concentrée et circulaire, avec huit pattes autour du corps, huit yeux
vigilants sur la tête, elle étonne par la proéminence
excentrique d'un ventre énorme. Trait ignoble, où
l'observateur inattentif et léger ne verrait que gour-
mandise. Hélas! c'est tout le contraire; ce ventre,
c'est son atelier, son magasin, c'est la poche où le
cordier tient devant lui la matière du fil qu'il dévide; mais, comme elle n'emplit cette poche de rien
que de sa substance, elle ne grossit qu'aux dépens
d'elle-même, à force de sobriété. Et vous la verrez
souvent, étique pour tout le reste, conserver toujours gonflé ce trésor où est l'élément indispensable
du travail, l'espérance de son industrie, et sa seule
chance d'avenir. Vrai type de l'industriel. « Si je
jeûne aujourd'hui, dit-elle, je mangerai peut-être
demain; mais si ma fabrique chôme, tout est fini,
mon estomac doit chômer, jeûner à jamais. »

Mes premiers rapports avec l'araignée ne furent
rien moins qu'agréables. Dans ma nécessiteuse en-

fance, lorsque je travaillais seul (comme je l'ai dit dans *le Peuple*) à l'imprimerie de mon père, alors ruinée et désertée, l'atelier temporairement était dans une sorte de cave, suffisamment éclairée, étant cave par le boulevard où nous demeurions, mais rez-de-chaussée sur la rue Basse. Par un large soupirail grillé, le soleil venait à midi égayer un peu d'un rayon oblique la sombre casse où j'assemblais mes petites lettres de plomb. Alors, à l'angle du mur, j'apercevais distinctement une prudente araignée qui, supposant que le rayon amènerait pour son déjeuner quelque étourdi moucheron, se rapprochait de ma casse. Ce rayon, qui ne tombait point dans son angle, mais plus près de moi, était pour elle une tentation naturelle de m'approcher. Malgré le dégoût naturel, j'admirai dans quelle mesure progressive de timide, lente et sage expérimentation, elle s'assurait du caractère de celui auquel il fallait qu'elle confiât presque sa vie. Elle m'observait certainement de tous ses huit yeux, et se posait le problème : « Est-ce, n'est-ce pas un ennemi? »

Sans analyser sa figure, ni bien distinguer ses yeux, je me sentais regardé, observé; et apparemment l'observation, à la longue, me fut tout à fait favorable. Par l'instinct du travail peut-être (qui est si grand dans son espèce), elle sentit que je devais être un paisible travailleur, et que j'étais là aussi occupé, comme elle, à tisser ma toile. Quoi qu'il en soit, elle quitta les ambages, les précautions, avec une vive décision, comme dans une démarche hardie et un peu risquée. Non sans grâce, elle descendit sur son fil, et se posa résolûment sur notre frontière respective, le bord de ma casse favorisé en ce moment d'un blond rayon de soleil pâle.

J'étais entre deux sentiments. J'avoue que je ne goûtai pas une 'société si intime; la figure d'une telle amie me revenait peu; d'autre part, cet être prudent, observateur, qui certainement ne prodiguait pas sa confiance, était venu là me dire : « Eh! pourquoi ne prendrais-je pas un tant soit peu de ton soleil?... Si différents, nous arrivons cependant ensemble du travail nécessiteux et de la froide obscurité à ce doux banquet de lumière.... Prends un cœur et fraternisons. Ce rayon que tu me permets, reçois-le de moi, garde-le.... Dans un demi-siècle encore, il illuminera ton hiver. »

Comme la noire petite fée le disait en son langage, bas, très-bas, on ne peut plus bas (ainsi parlent les araignées), j'en gardai l'effet vaguement. Mais cela dormait en moi. Puis, la chose eut un réveil court en 1840, et se rendormit encore jusqu'à ce jour, 15 mai 1857, où je viens pour la première fois de l'expliquer et de l'écrire.

Donc, en 1840, après une perte de famille, je pas-

sai les vacances à Paris, et seul me promenais tout
le jour dans mon petit jardin de la rue des Postes.
Les miens étaient à la campagne. Je me mis machinalement à regarder les belles étoiles concentriques que les araignées faisaient autour de mes
arbres, qu'elles raccommodaient, refaisaient sans
cesse avec une louable industrie, se donnant une
peine immense à garder le peu que j'avais de fruits,
de raisins, me soulageant aussi moi-même de l'im-
portunité des mouches et de la piqûre des cousins.
Elles rappelèrent à ma mémoire la noire araignée
domestique qui, dans mon enfance, entra en con-
versation avec moi. Celles-ci étaient fort différentes.
Filles de l'air et de la lumière, toujours exposées,
toujours sous les yeux, sans abri que le dessous d'une
feuille où il est aisé de les prendre, elles ne pouvaient
avoir les réserves, la diplomatie de mon ancienne
connaissance. Tout leur travail était visible, tout leur
petit mystère au vent, leur personne à discrétion;
elles n'avaient de protection que la pitié ou les services si positifs qu'elles rendent, l'intérêt bien entendu.

Celles qui tendent aux branches des arbres, comme
celles qui tendent aux fenêtres, ont une attention visible à prendre le vent, à se bien poser dans un courant d'air qui amènera les insectes, ou au passage du
rayon lumineux dans lequel viendra danser le moucheron. La toile ne tombe pas d'aplomb, ce qui ne

donnerait qu'un courant ; l'araignée, en parfait marin, lui donne une grande obliquité, qui lui permet de recevoir deux courants ou davantage.

A l'extrémité de son ventre, quatre filières ou mamelons, pouvant sortir ou rentrer (à la façon des lunettes d'approche), lancent, par leur mouvement, un tout petit nuage qui grossit de minute en minute. Ce nuage, ce sont des fils d'une ténuité infinie ; chaque mamelon en sécrète mille, et les quatre en se rejoignant font de leurs quatre mille fils le fil unique, assez fort, dont sera tissue la toile.

Notez bien que les fils de l'intelligent fabricant ne sont pas de même nature, mais de qualité, de force différentes, selon leur destination. Il en est de secs pour ourdir, d'autres visqueux pour coller. Ceux du nid qui recevra les petits sont un coton, et ceux qui protégeront le cocon où sont les œufs ont toute la résistance nécessaire à leur sûreté.

Quand elle a fourni un jet suffisant de fils pour entreprendre la toile, d'un point élevé elle se laisse glisser et dévide son écheveau. Elle y reste suspendue, et de suite remontant au point de départ à l'aide de son petit cordage, elle se porte vers un autre point, et continue traçant ainsi une série de rayons qui partent tous du même centre.

La chaîne ourdie, elle s'occupe à faire la trame en croisant le fil. Courant de rayon en rayon, elle

touche chacune de ses filières qui y attachent le fil
circulaire. Le tout n'est pas un tissu serré, mais
un véritable filet, de telle proportion géométrique
que toutes les mailles du cercle sont toujours de
même grandeur.

Cette toile, sortie d'elle, vivante et vibrante, est
bien plus qu'un instrument, c'est une partie de son
être. Circulaire elle-même de forme, l'araignée
semble s'étendre en ce cercle et prolonger les fila-
ments de ses nerfs aux fils rayonnants qu'elle our-
dit. C'est au centre de sa toile qu'elle a sa plus
grande force pour l'attaque et pour la défense.
Hors de là elle est timide; une mouche la ferait reculer. Cette toile est à la fois pour elle un télégraphe électrique qui sent le tact le plus léger, lui
révèle la présence d'un gibier imperceptible, presque impondérable; et en même temps, comme elle
est quelque peu visqueuse, elle lui retient cette proie,
retarde même et empêche de dangereux ennemis.

S'il fait du vent, l'agitation continuelle de la toile
l'empêcherait de se rendre compte de ce qui s'y
passe; alors, elle se tient au centre. En temps ordinaire, elle reste près de là sous une feuille pour ne
pas effrayer la proie, ou ne pas être elle-même celle
de ses nombreux ennemis.

La prudence et la patience est son caractère plus
que le courage. Elle a trop d'expérience, elle a eu trop

d'accidents, de mésaventures, elle est trop habituée
aux sévérités du sort pour avoir beaucoup d'audace.
Elle a peur même d'une fourmi. Celle-ci, souvent
mauvaise tête, inquiète et âpre rôdeuse, qui n'a
peur de rien, s'obstine parfois à explorer cette toile
dont elle ne peut rien faire. L'araignée alors lui
cède la place, soit qu'elle craigne le contact de
l'acide de la fourmi, qui brûle comme de l'eau-forte,
soit qu'en bonne travailleuse elle calcule qu'une
lutte longue et difficile lui emploiera plus de temps
qu'il n'en faut pour faire une toile. Donc, sans y
mettre la moindre susceptibilité d'amour-propre,
elle la laisse se pavaner là, et s'établit un peu plus
loin.

Tout vit de proie. La nature va se dévorant elle-
même ; mais la proie n'est pas toujours achetée et
méritée par une industrie patiente, qui mérite d'être
respectée. Aucun être cependant plus que celui-ci
n'est le jouet du sort. Comme tout bon travailleur,
elle lui fournit double prise, et son œuvre et sa
personne. Une infinité d'insectes, le meurtrier ca-
rabe, la demoiselle, élégante et magnifique assas-
sine, n'ont que leurs corps et leurs armes, et passent
joyeusement leur vie à tuer. D'autres ont des asiles
sûrs, faciles à défendre, où ils craignent peu de
dangers. L'araignée des champs n'a ni l'un ni
l'autre avantage. Elle est dans la position de l'in-

dustriel établi, qui par sa petite fortune, mal garantie, attire ou tente la cupidité ou l'insulte. Le lézard d'en bas, l'écureuil d'en haut, donnent la
chasse au faible chasseur. L'inerte crapaud lui darde
sa langue visqueuse qui le colle et l'immobilise.
C'est le bonheur de l'hirondelle, dans son cercle
gracieux, d'enlever sans se déranger l'araignée et
la toile, et tous les oiseaux la considèrent comme
une grande friandise ou une excellente médecine.
Il n'est pas jusqu'au rossignol, fidèle, comme les
grands chanteurs, à une certaine hygiène, qui, de
temps en temps, né s'ordonne, pour purgatif, une
araignée.

Ne fût-elle gobée elle-même, si l'instrument de
son métier périt, c'est la même chose. Que la toile
soit défaite coup sur coup, le jeûne un peu prolongé
la met hors d'état de fournir du fil, et bientôt elle
meurt de faim. Elle est constamment serrée dans
ce cercle vicieux : pour filer, il faut manger ; pour
manger, il faut filer. Ce fil, c'est pour elle celui de
la Parque, celui de la destinée.

Nous fîmes une fois l'expérience d'enlever trois
fois de suite la toile à une araignée. Trois fois, en
six heures, elle la refit avec une admirable patience
et sans se désespérer. Expérience fort cruelle, que
nous nous sommes reprochée. On n'en rencontre
que trop de ces malheureuses, que des accidents

de ce genre ont jetées dans le chômage, et désormais trop épuisées pour relever leur industrie. On les voit, squelettes vivants, essayer en vain un autre métier auquel elles réussissent mal, et douloureusement envier les longues jambes des faucheuses qui gagnent leur vie à la course.

Quand on parle de l'avidité gloutonne de l'araignée, on oublie quelle doit manger double, ou bien périr : manger pour refaire son corps, manger pour refaire son fil.

Trois choses contribuent à l'user : l'ardeur du travail incessant, la susceptibilité nerveuse, vive au dernier point chez elle ; enfin son double système de respiration. Car elle n'a pas seulement la respiration passive de l'insecte qui subit l'air introduit par ses stigmates, elle a de plus une sorte de respiration active, analogue au jeu des poumons dans les animaux supérieurs. Elle prend l'air et s'en empare, le transforme et le décompose, s'en renouvelle incessamment. Rien qu'à voir ses mouvements, on sent que c'est plus qu'un insecte ; le flux vital y doit courir dans une circulation rapide, le cœur battre bien autrement qu'en la mouche ou le papillon.

Supériorité, mais péril. L'insecte brave impunément les miasmes méphitiques, les fortes odeurs. L'araignée n'y résiste pas. Immédiatement frappée, elle tombe en convulsions, s'agite et expire. Je le vis un jour à Lucerne ; le chloroforme, dont le cerf-volant, quinze jours durant, avait enduré l'action sans pouvoir mourir, tout d'abord, au premier contact, foudroya une araignée. Elle était de première force, et je la voyais occupée à manger un moucheron. Je voulus l'observer, et je versai sur elle une seule goutte. L'effet fut terrible. On n'eût vu rien de plus saisissant dans une asphyxie humaine. Elle tomba à la renverse, se redressa, puis s'affaissa ; tous les appuis lui manquèrent, et ses membres parurent désarticulés. Une chose fut très-pathétique, c'est qu'en ce moment suprême la fécondité de son sein apparut ; dans l'agonie, ses mamelons laissaient aller le petit nuage de toile, de sorte qu'on eût cru qu'en mourant elle allait travailler encore.

J'en fus triste, et, dans l'espoir que l'air la remettrait peut-être, je la posai sur ma fenêtre ; mais ce n'était plus elle-même. Je ne sais comment cela s'était fait, elle avait comme fondu, et ce n'était plus qu'une anatomie. Sa substance évanouie ne laissait qu'une ombre légère. Le vent l'emporta au lac.

XVII

LA MAISON DE L'ARAIGNÉE, SES AMOURS

XVII

LA MAISON DE L'ARAIGNÉE, SES AMOURS.

L'araignée dépasse de loin tout insecte solitaire. Elle n'a pas seulement le nid, elle n'a pas seulement l'affût, la station passagère de chasse ; elle a (dans certaines espèces du moins) une maison régulière, une vraie maison très-compliquée : vestibule et chambre à coucher, avec une issue par derrière ; la porte enfin, pour comble d'art, que dis-je ? une porte faite pour se fermer d'elle-même, retombant par son propre poids.

La porte ! voilà ce qui manque même aux grandes cités des abeilles et des fourmis ; ces républiques industrieuses ne se sont pas élevées jusque-là.

Les fourmis sont précisément au point où en

sont restés la plupart de nos Africains. Chaque soir, elles ferment leur habitation par le travail immense et toujours renouvelé d'une clôture à claire-voie, peu solide, qui ne dispense pas de poser des sentinelles. Il est vrai que ces grands peuples, si vaillants et si bien armés, n'ont guère peur de l'invasion, et, comme Lacédémone, peuvent n'avoir ni fossés ni murs. Leur fière intrépidité a limité leur industrie.

Au contraire, la pauvre ouvrière qui vit seule, toujours épuisée de l'épanchement de son fil et de son travail continu, ne compte guère sur sa vaillance. Elle a dû, dans certains pays et certaines circonstances où elle craignait davantage, s'ingénier profondément, et elle a trouvé ce petit miracle de prudence, de combinaison, qui a éclipsé et l'insecte et l'homme sauvage. Je ne parle pas des gros animaux, si peu industrieux, sauf le seul castor peut-être.

Dans les environs de Lucerne, nous vîmes pour la première fois les maisons de l'araignée (l'agelène). C'était un fourreau, fort bien fait, dont le vestibule tourné au midi s'épanouissait au dehors à la façon d'un entonnoir. Cette partie extérieure, formant un petit abri soleillé, était le piége et l'affût. La dame du logis se tenait tout au fond de l'entonnoir ; mais derrière ce fond lui-même, à l'extrémité inférieure du fourreau, était pratiquée une arrière-chambre,

petite et fort sûre, dans un cocon blanc bien solide.
Elle s'y fiait tellement que, pendant que nous détachions les soies qui reliaient tout l'édifice au buisson, elle n'essaya pas d'en sortir. Nous n'avions ni détruit ni endommagé, mais déplacé seulement cette demeure. Le lendemain, nous la retrouvâmes réparée et amarrée au buisson de tous côtés. L'exposition n'était plus si favorable ; mais sans doute l'ouvrière, dans une saison avancée (en septembre et sous les Alpes), ne se sentait pas en fonds pour recommencer ce grand ouvrage de l'été.

Dans les forêts du Brésil, une petite araignée a sa case suspendue juste au milieu de sa toile. Au moindre danger, elle y court, et n'y est pas plutôt entrée, dit Swainson, que la porte brusquement se ferme par un ressort.

Mais le chef-d'œuvre du genre se voit, surtout en Corse, chez la mygale pionnière. Son habitation est un petit puits, industrieusement maçonné, aux parois lisses et unies, avec double tapisserie, gros tapis rude du côté de la terre, et fin tapis satiné du côté qu'habite l'artiste. Le puits est fermé à son orifice d'une porte. Cette porte est un disque plus large en haut qu'en bas, et reçu dans un évasement de manière à clore hermétiquement. Le disque, qui n'a que trois lignes d'épaisseur, contient cependant trente doubles de toiles, et entre les toiles existent, en même nombre, des couches ou enduits légers de terre, de sorte que la porte entière est formée de soixante portes. Voilà bien de la patience ; mais voici l'ingénieux : toutes ces portes de toile et de terre vont s'emboîtant l'une dans l'autre. Celles de toile, sur un point, se prolongent dans le mur, reliant la porte au mur et en formant la charnière. Cette porte s'ouvre en dehors quand l'araignée la soulève pour sortir, et se referme par son poids. Mais l'ennemi pourrait venir à bout de l'ouvrir. Cela est prévu. A l'endroit opposé à la charnière, de petits trous sont pratiqués dans la porte ; l'araignée s'y cramponne et devient un verrou vivant. (Voy. Audouin et Walckenaër.)

Qu'adviendrait-il si cette étonnante ouvrière, placée dans des circonstances particulières et gênantes (comme les abeilles l'ont été par les expériences d'Huber), était appelée à varier son art et à innover ? le ferait-elle ? a-t-elle enfin l'esprit de ressource et, au besoin, d'innovation que déploient en certains cas les insectes supérieurs ? Cela vaut la peine d'être essayé. Ce qui est sûr, c'est que les simples épéires (araignées de nos jardins) savent fort bien, si vous leur ôtez l'espace nécessaire pour tendre leur voile géométrique, en construire une à réseaux irréguliers, décroissant proportionnellement selon le resserrement de l'espace.

Expériences du reste difficiles. L'araignée est si nerveuse, que la peur qui la rend artiste peut aussi la paralyser et lui faire perdre la tête. Sa toile seule lui donne courage. Hors de sa toile, toute chose la fait frissonner. En captivité, n'ayant pas de toile, c'est elle qui fuit devant sa proie; elle n'a pas le courage de faire front à une mouche.

Sa condition misérable, qui est l'attente passive, explique tout son caractère. Attendre en agissant, en courant, en combattant, c'est tromper le temps et la faim; mais rester là immobile, ne pouvoir bouger sans faire peur au gibier, le voir venir, souvent tout près, mais passer, et rester le ventre vide! Assister aux danses infinies, insouciantes du moucheron, qui, dans son rayon de soleil, s'amuse, se balance des heures sans se rendre aux vœux avides de celle qui lui dit tout bas: « Viens, petit!... viens, mon petit! » c'est un supplice, une suite d'espérances et de mortifications.

Il suit sa danse et n'en tient compte.

Le fatal mot : « Dînerai-je? » revient , creuse les entrailles. Puis l'autre mot, plus sinistre: « Si je ne dîne aujourd'hui, plus de fil; bien moins encore puis-je espérer dîner demain! »

Il résulte de tout cela un être souffreteux, inquiet, mais prodigieusement éveillé, attentif, et qui perçoit non-seulement le moindre contact, mais le moindre bruit. L'araignée n'y est que trop sensible. Une commotion assez légère paraît la mettre hors d'elle-même. Elle semble s'évanouir; vous la voyez tout à coup tomber du haut d'un plafond, foudroyée par la frayeur.

Cette sensibilité, comme on peut croire, éclate surtout quand elle est mère. Misérable et gagne-petit, elle n'en est pas moins infiniment tendre, large pour les siens, généreuse. Tandis que les oiseaux de proie, chasseurs ailés qui ont tant de ressources, chassent leurs enfants de bonne heure, y voient des concurrents gloutons et les forcent à coups de bec d'habiter hors du domaine qu'ils se réservent en propre, l'araignée ne se contente pas de porter ses œufs en cocon, mais dans certaines espèces, elle les nourrit vivants, avides, les garde, les porte sur son dos; ou bien elle les fait marcher en les retenant par un fil; s'il y a danger, elle tire le fil, ils sautent sur elle, elle les sauve. Si elle ne le peut, elle aime mieux périr. On en a vu qui, pour ne pas les abandonner, se laissaient engloutir au gouffre du formica-leo. On en a vu, d'une espèce lente, qui, ne pouvant les sauver, ne fuient pas, se font prendre avec eux.

Leurs nids souvent sont des chefs-d'œuvre. J'en avais admiré en Suisse, à Interlaken, longs tubes, doux, chauds à l'intérieur, bien tapissés, et au

dehors habilement dissimulés par un pêle-mêle
artiste de petits fragments de feuilles, d'imperceptibles branchettes, de débris de plâtre gris, de
façon à se fondre parfaitement pour la couleur
avec le mur où ils s'appuient. Mais tout cela n'était
rien en comparaison d'une œuvre d'art que j'ai ici
à Fontainebleau. Le 22 juillet 1857, j'aperçus dans
une remise un joli panier rond, d'un pouce environ
en tous sens, mêlé de tous matériaux, sans couvercle (n'ayant pas à craindre la pluie). Il était
très-gracieusemnnt suspendu à une poutre par d'é-
légants liens de soie, que j'appellerais de petites
mains, comme en ont les plantes grimpantes.
Dedans, posée sur ses œufs, dans une incubation
constante, se voyait une araignée. Elle n'en bou-
geait jamais, sauf peut-être un moment la nuit,
pour chercher sa nourriture. Il n'y eut jamais animal si craintif. Aux plus douces approches, la peur
la faisait fuir, tomber même. Une fois qu'on la
dérangea un peu brusquement, elle en prit un si
grand effroi qu'elle ne reparut plus de tout le
jour. Elle couva pendant six semaines, et, sans ces
inquiétudes, peut-être, elle fût restée plus longtemps.

Mère admirable, artiste ingénieuse et délicate,
femelle surtout, femelle nerveuse et craintive au
plus haut degré, cette étrange sensitive m'expli-

quait parfaitement les sentiments tout contraires que nous inspire l'araignée : répulsion, attraction. On s'en éloigne, on s'en rapproche. Elle est si âpre et en même temps si prodigieusement sensible !

Elle respire à notre manière. Et les mamelons délicats d'où elle sécrète sa soie, comme un nuage de lait (à la voir au microscope), sont l'organe le plus féminin qui peut-être soit dans la nature.

Hélas! elle est solitaire. Sauf quelques espèces (mygales) où le père aide un peu la mère, elle n'a nul secours à attendre. Le mâle, après l'amour, est plutôt un ennemi. Cruels effets de la misère! Il s'aperçoit que ses enfants peuvent être un aliment. Mais la mère, plus grosse que lui, fait la même réflexion, pense que le mangeur est mangeable, et parfois croque son époux.

Ces événements atroces n'arrivent pas, j'en suis sûr, dans les climats où l'aisance et une vie abondante ne dépravent pas leur naturel. Mais en nos pays, si nombreuses, avec un gibier bien plus rare, dans une violente concurrence, ces malheureuses sont entre elles comme les naufragés du radeau de la *Méduse.*

Un cruel tyran, le ventre, domine toute la nature. Il dompte jusqu'à l'amour. Chez un être soucieux, inquiet, comme l'araignée, l'amour est très-défiant. Au plus fort de la passion, le mâle, faible et maigre, n'approche qu'avec de grandes réserves, un respect craintif, de la majestueuse dame. Il avance et il recule, il observe ; il semble se demander à lui-même s'il a quelque peu fléchi un être si fier. Il emploie les moyens timides d'un lent magnétisme, surtout une patience extrême. Il croit peu aux premiers signes, ne se livre qu'à bon escient. Enfin, quand l'objet adoré fait grâce et se montre sensible, ardent même dans ses épanchements, il ne s'y fie pas tellement que, tout à coup, sous je ne sais quelle panique, sans compliments, il ne s'évade et s'enfuie à toutes jambes.

Telle est la terrible idylle des noires amours de nos plafonds. Chez les araignées des jardins, il y a moins de défiance. La nature adoucit les cœurs, et l'âpre industrialisme lui-même mollit dans la vie des champs. Nous en voyons sur nos arbres qui traitent assez bien leurs maris, et ne se souviennent pas trop qu'ils sont leurs concurrents de chasse. Elles les laissent demeurer en même lieu, quoique un peu à part et les tenant à distance. Un léger plancher les sépare. La princesse consent qu'il habite sous elle, au rez-de-chaussée, tandis qu'elle vivra au premier, le tenant dessous et subordonné, de sorte qu'il n'aille pas se croire le roi, mais le *prince-époux* et le *mari de la reine.*

Ont-elles quelques sympathies hors de leur espèce? On l'a dit et je le crois. Elles sont isolées de
nous bien moins que les vrais insectes. Elles vivent
dans nos maisons, ont intérêt à nous connaître et
semblent nous observer. Elles font grande attention aux voix et aux bruits, les perçoivent à merveille.
Si elles n'ont pas les organes d'audition des insectes
(qui sembleraient les antennes), c'est qu'en elles
tout est antenne. Leur vigilance excessive, l'irradia-
tion nerveuse qui se sent partout chez elles, leur
donnent la plus vive réceptivité.

On a parlé souvent de l'araignée musicienne de
Pellisson. Une autre anecdote moins connue n'est
pas moins frappante. Une de ces petites victimes
qu'on fait virtuoses avant l'âge, Berthome, illustre
en 1800, devait ses étonnants succès à la réclusion
sauvage où on le faisait travailler. A huit ans, il
étonnait, stupéfiait par son violon. Dans sa constante solitude, il avait un camarade dont on ne se
doutait pas, une araignée.... Elle était d'abord dans
l'angle du mur, mais elle s'était donné licence d'a-
vancer de l'angle au pupitre, du pupitre sur l'enfant,
et jusque sur le bras si mobile qui tenait l'archet.
Là, elle écoutait de fort près, dilettante émue, pal-
pitante. Elle était tout un auditoire. Il n'en faut pas
plus à l'artiste pour lui renvoyer, lui doubler son
âme.

L'enfant malheureusement avait une mère adop-
tive, qui, un jour, introduisant un amateur au
sanctuaire, vit le sensible animal à son poste. Un
coup de pantoufle anéantit l'auditoire.... L'enfant
tomba à la renverse, en fut malade trois mois, et il
faillit en mourir.

LIVRE TROISIÈME

SOCIÉTÉS DES INSECTES

XVIII

L A CITÉ DES TÉNÈBRES; LES TERMITES.

XVIII

LA CITÉ DES TÉNÈBRES; LES TERMITES.

M. de Préfontaine (cité par Huber, *Fourmis*) raconte que, voyageant en Guyane, il vit des nègres faire le siége de certains édifices bizarres qu'il appelle fourmilières. Ils n'osaient les attaquer que de loin et avec des armes à feu, ayant eu de plus la précaution de creuser un petit canal dont l'eau arrêtât l'armée assiégée et noyât les bataillons qui voudraient faire des sorties.

Ces édifices ne sont point des habitations de fourmis, mais celles des termites, autre espèce d'insectes. On les trouve non-seulement à la Guyane, mais dans l'Afrique, à la Nouvelle-Hollande et dans les savanes de l'Amérique du Nord.

Une foule de voyageurs ont parlé de ces insectes. L'ouvrage spécial et le plus instructif est celui de Smeathman, que nous avons sous les yeux, avec les excellentes planches dont il est orné. Les dessins ont été pris sur des termitières d'Afrique.

Qu'on se figure une butte de terre de douze pieds (quelquefois on en a trouvé de vingt), que de loin on pourrait prendre pour une cabane de nègres. Mais de près, on voit fort bien que c'est le produit d'un art supérieur. La forme, très-singulière, est celle d'un dôme pointu, ou, si l'on veut, d'une aiguille obtuse qui domine tout. Mais l'aiguille a pour support quatre, cinq, six clochetons de cinq ou six pieds de haut. A ceux-ci sont adossés de bas clochers d'à peu près deux pieds de hauteur. L'ensemble pourrait passer pour une sorte de cathédrale orientale, dont l'aiguille principale aurait une double ceinture de minarets, décroissant de hauteur; le tout d'une solidité extrême, étant d'une argile dure qui au feu fait la meilleure brique. Non-seulement plusieurs hommes y montent sans rien ébranler, mais les taureaux sauvages eux-mêmes s'y établissent en vedette pour voir, par-dessus les hautes herbes qui couvrent la plaine, si le lion ou la panthère ne surprend pas le troupeau.

Cependant ce dôme est creux, et le plancher inférieur qui le porte est lui-même soutenu par une

construction demi-creuse que forme la rencontre
de quatre arches de deux ou trois pieds, arches de
forme très-solide, étant pointues, ogivales et comme
de style gothique. Plus bas encore, s'étendent des
passages ou corridors, des espaces plafonnés qu'on
pourrait nommer des salles, enfin des logements
commodes, amples, salubres, qui peuvent recevoir
un grand peuple; bref, toute une cité souterraine.

Un large couloir en spirale tournoie et monte
doucement dans l'épaisseur de l'édifice. Nulle ouverture, ni porte, ni fenêtre; les entrées et les sorties sont dissimulées, éloignées; elles aboutissent
loin dans la plaine.

C'est la construction la plus considérable, la plus
importante qui témoigne du génie des insectes;
travail d'infinie patience et d'un art audacieux.
Il ne faut pas oublier que ces murs devenus si durs
ont été d'abord friables et sujets à s'écrouler. Il a
donc fallu pour monter si haut ce titanique édifice
une continuité d'efforts, de constructions provi-
soires, démolies successivement quand elles avaient
servi à permettre de construire plus haut. Les ma-
çons ont commencé par les pyramides extérieures
d'un pied et demi ou de deux pieds, puis par celles
du second rang. Mais celles-ci étant solides et dur-
cies, on en a intrépidement miné la base pour faire
les couloirs, les corridors et l'escalier en spirale.

Même opération sous le dôme, qu'on a évidé au dedans, de façon que la grande voûte creuse avec son plancher inférieur portât sur les voûtes étroites des quatre arches qui font le centre et la base de l'édifice.

Notez que le dôme porte sur lui-même, et que ses substructions lui suffiraient à la rigueur, les pyramides latérales n'étant que ses auxiliaires non indispensables. C'est là le principe de l'art véritable, franc, courageux, qui, comptant sur soi et sur son calcul, ne demande pas secours aux appuis extérieurs, n'a pas besoin d'arcs-boutants ni de contreforts. C'est le système même de Brunelleschi.

Qui a porté l'art jusque-là? Il faut le dire, c'est l'utilité même. Le dôme aigu, les clochetons ou aiguilles sont combinés à merveille pour résister aux pluies terribles des tropiques. Ce dôme tient l'eau à distance et la fait écouler vite. Fût-il crevé, le plancher sur lequel il porte la ferait encore déborder, comme d'un toit, sur l'enceinte extérieure, qui la verserait à terre. Le dôme, creux comme un four, se réchauffe vite et s'imprègne de la puissante chaleur qu'il communique aux souterrains pour l'éclosion des œufs et pour le bien-être d'un peuple fort nu, et d'autant plus ami d'une température élevée.

Ce monument est un chef-d'œuvre d'art, justement parce qu'il est celui de l'utilité. Le beau et le bien se tiennent. Maintenant, on voudra savoir quels sont ces étonnants artistes ; nous osons à peine le dire : les plus méprisés de la nature.

On leur a donné plusieurs noms, entre autres celui de termites, et encore de fourmis de bois : nom peu exact, à coup sûr ; les fourmis sont leurs ennemies, et leur corps, extrêmement mou, est exactement l'opposé du corps sec et dur des fourmis.

On les nomme aussi poux de bois ; et ils semblent en effet une molle et faible vermine, qui s'écrase sans résistance. Risée magnifique de Dieu, qui aime à exalter les moindres ! La Memphis et la Babylone, le vrai Capitole des insectes, est bâti par qui ? par des poux ! Quoique leur luxe de mâchoires, leurs quatre étages de dents, en fassent d'admirables rongeurs, toutefois, si l'on excepte des individus d'élite (leurs soldats), ils n'ont pas d'armes sérieuses. Leurs dents, faites pour ronger, sont impuissantes à combattre. La destination des termites est visible : malgré les noms redoutables qu'on a donnés à leurs espèces (*bellicosus*, *mordax*, *atrox*), ce sont de simples ouvriers.

Tout insecte est plus fort qu'eux, ou du moins plus dur, plus garanti, mieux cuirassé. Tous, spécialement les fourmis, leur donnent la chasse et en mangent des légions. Les oiseaux en sont avides ;

les basses-cours en absorbent d'effroyables quantités. Tous (même l'homme qui les fait cuire) y trouvent une saveur agréable; les nègres ne peuvent s'en rassasier.

Ils travaillent sans y voir. Ils n'ont point d'yeux, du moins visibles. Très-probablement, les ténèbres où ils vivent atrophient en eux cet organe, comme il l'est par l'obscurité dans l'espèce de canards qu'on trouve sur les lacs souterrains de la Carinthie. Les rares espèces de termites qui se hasardent au jour ont des yeux très-observables et parfaitement conformés.

Les ténèbres, la proscription qui les poursuit sous la lumière, semblent avoir développé leur singulière industrie. Contre le monde du jour qui leur est tellement hostile, ils ont bâti, quand ils ont pu, ce petit monde de la nuit, où ils exercent leurs arts. Ils n'en sortent que pour chercher leurs provisions, la gomme et d'autres substances dont ils font des magasins.

Leur attachement est extrême pour ces villes de ténèbres. Ils les défendent obstinément. Au premier coup qu'on y donne, chacun résiste à sa manière : les ouvriers en poussant du dedans un mortier qui ferme les trous, les soldats en attaquant les agresseurs mêmes, et les perçant jusqu'au sang de leurs pinces acérées, s'attachant à la blessure et se faisant

écraser plutôt que de lâcher prise. Tout homme nu
(comme sont les nègres) se rebute sous ces morsures,
se décourage, est vaincu.

Si vous persistez pourtant, si vous pénétrez, vous
admirez le palais, ses circuits, les passages, les ponts
aériens, les salles où loge le peuple, les nourrice-
ries pour les œufs, les caves, celliers ou magasins.
Mais enfin, allez au centre. Là est le mystère de ce
petit monde ; là est son palladium, son idole, entourée sans cesse des soins d'une foule empressée.
Objet étrange et choquant, qui n'en est pas moins
servi et visiblement adoré.

C'est la reine ou la mère commune, épouvanta-
blement féconde, d'où sort non interrompu un flux
d'environ soixante œufs par minute, ou quatre-
vingt mille œufs par jour !

Rien de plus bizarre. Ces bêtes étranges, que l'on
compare à la vermine, n'en ont pas moins le moment de suprême poésie, l'heure d'amour ; un
moment les ailes leur poussent, et presqu'à l'instant elles tombent. Les couples dépouillés ainsi,
n'ayant ni abri, ni force, nul moyen de résister,
sont une proie pour tous les insectes, une manne
sur laquelle ils se jettent. Les termites ouvriers, qui
n'ont eu ni amour ni ailes, tâchent de sauver un
couple de ces victimes, les accueillent, faibles, dé-
chus, misérables, et ils les font rois.

On les porte, on les établit au centre de la cité, dans la salle où aboutissent toutes les salles et tous les passages. Là on les ravive, on les refait, on les nourrit jour et nuit, et la femelle peu à peu prend une énorme grosseur, jusqu'à devenir deux mille fois plus grosse de corps et de ventre ; par un contraste hideux, la tête ne grossit pas. Du reste immobile, et dès lors captive, les portes où elle passe sont devenues infiniment trop étroites pour un tel monstre. Donc, elle restera là, versant, jusqu'à ce qu'elle crève, ce torrent de matière vive qu'on recueille nuit et jour, et qui demain sera le peuple.

Cette bête molle et blanchâtre, un ventre plutôt qu'un être, est grosse au moins comme le pouce ; un voyageur prétend en avoir vu une de la taille de l'écrevisse. Plus grosse, elle est plus féconde, plus intarissable ; cette terrible mère des poux semble d'autant plus adorée de sa vermine fanatique. Elle paraît leur idéal, leur poésie, leur enthousiasme. Si vous l'emportez avec un débris, une ruine de la cité, vous les voyez sous le bocal se mettre à l'instant au travail, bâtir une arche qui protége la tête vénérée de la mère, lui refaire sa salle royale, qui deviendrait, si les matériaux le permettaient, le centre, la base de la cité ressuscitée.

Je ne m'étonne pas, au reste, de la rage d'amour que montre ce peuple pour cet instrument de fécondité. Si toutes les espèces ensemble ne travaillaient à les détruire, cette mère vraiment prodigieuse les ferait maîtres du monde, et que dis-je? ses seuls habitants. Les poissons resteraient seuls; mais les insectes eux-mêmes périraient. Il suffit de se rappeler que la mère abeille ne fait en un an que ce que la mère termite peut faire en un jour. Par elle, ils engloutiraient tout; mais ils sont faibles et savoureux, et c'est tout qui les engloutit.

Quand les espèces de termites qui vivent et logent dans le bois s'approchent malheureusement de nous, il n'est guère de moyen d'arrêter leurs ravages. Ils travaillent avec une rapidité, une vigueur incroyables. On les a vus en une nuit percer en longueur tout un pied de table, puis la table même dans son épaisseur, et toujours perçant descendre par le pied opposé.

On s'imagine aisément l'effet d'un pareil travail poussé à travers les solives et la charpente d'une maison. Le pis, c'est qu'on est longtemps avant de s'en apercevoir. On continue de se fier à des appuis minés qui tout à coup croulent un matin : on dort paisible sous des toits qui demain ne seront plus.

La ville de Valencia, dans la Nouvelle-Grenade, minée par les souterrains qu'ils ont faits dans la terre, est suspendue maintenant sur ces dangereuses catacombes.

Nous-même avons vu, à la Rochelle, les commencements redoutables des travaux qu'ils exécutent dans les charpentes d'une partie de la ville où les vaisseaux les ont apportés. Des édifices entiers s'y trouvent ainsi maintenant rongés, sans qu'il y paraisse, tous les bois creusés, évidés, jusqu'aux rampes des escaliers ; n'appuyez pas trop ; elles cèdent, s'affaissent sous votre main. Ces terribles rongeurs semblent pourtant vouloir se tenir jusqu'ici dans un quartier de la ville et ne pas entamer le reste. Autrement, cette cité, historique, importante encore par la marine et le commerce, se trouverait à l'état d'Herculanum et de Pompéi.

XIX

LES FOURMIS

LEUR MÉNAGE ; LEURS NOCES

XIX

LES FOURMIS

LEUR MÉNAGE; LEURS NOCES.

Les fourmis ont sur tous les insectes une supériorité, c'est qu'elles sont moins spécialisées par leur vie, leur nourriture et leurs instruments d'industrie. Généralement, elles s'accommodent de tout et travaillent partout : nul agent plus énergique d'épuration, d'expurgation. Elles sont, pour ainsi dire, les factotums de la nature.

Les termites, du moins la plupart, travaillent dans les ténèbres, sous la terre; les fourmis dessus et dessous.

Comme les termites, elles font, sous les zones tropicales, de remarquables édifices, des dômes sous lesquels leurs chrysalides reçoivent la chaleur du soleil sans la piqûre de ses cuisants rayons. Mais ce ne sont pas des forteresses; les fourmis n'en ont pas besoin. Elles sont, dans ces contrées, reines et tyrans de tous les autres êtres. Les carabes exterminateurs, les nécrophores envahisseurs, qui chez nous jouent, comme insectes, le rôle de l'aigle et du vautour, osent à peine paraître dans les latitudes brûlantes où dominent les fourmis. Toute chose qui gît à terre est à l'instant dévorée par elles. Lund (*Mémoire sur les fourmis*) dit qu'il eut à peine le temps de ramasser un oiseau qu'il venait de voir tomber. Les fourmis y étaient déjà et s'en emparaient. La police de salubrité est faite par elles avec une énergique, une implacable exactitude.

Ces grosses fourmis du Midi, bien plus âpres que les nôtres, se sentant dames et maîtresses, craintes de tous, ne craignant personne, vont devant elles imperturbablement, sans se détourner pour aucun obstacle. Qu'une maison soit sur leur passage, elles entrent, et tout ce qui est vivant, mêmes les énormes, venimeuses et redoutables araignées, même de petits mammifères, tout est dévoré. Les hommes leur quittent la place. Mais si l'on ne peut pas quitter, l'invasion est fort à craindre. Une fois, à la

Barbade, on en vit une longue colonne défiler pendant plusieurs jours dans un nombre épouvantable. Toute la terre en était noire, et le torrent se dirigeait précisément du côté des habitations. On les écrasait par centaines sans qu'elles y fissent attention; on en détruisit des milliers, et elles avançaient toujours. Nul mur, nul fossé n'eût servi; l'eau même n'eût pu les arrêter : on sait qu'elles font des ponts vivants, en s'accrochant les unes aux autres comme en grappes ou en guirlandes. Heureusement, on imagina de semer d'avance sur le sol de petits volcans, de petits amas de poudre qui, de distance en distance, sautaient sous elles, emportaient des files et dispersaient les autres, les couvrant de feu, de fumée, les aveuglant de poussière. Cela réussit. Du moins elles se détournèrent un peu et passèrent d'un autre côté.

Linné appelle les termites le fléau des deux Indes; et l'on pourrait également donner ce nom aux fourmis, si l'on ne considérait que le dégât qu'elles causent dans les travaux et les cultures de l'homme. En quelques heures, elles dépouillent un grand oranger, le déménagent entièrement de toutes ses feuilles. Elles ravagent en une nuit un champ de coton, de manioc ou de cannes à sucre. Voilà leurs crimes. Leurs vertus, c'est de détruire encore mieux tout ce qui nuirait à l'homme, comme insecte ou chose insalubre. Bref, sans elles, on ne pourrait habiter certains pays.

Pour les nôtres, en conscience, je ne vois pas qu'elles fassent le moindre mal à l'homme, ni aux végétaux qu'il cultive. Loin de là, elles le délivrent d'une infinité de petits insectes. Je les ai vues souvent en longue file emportant chacune à sa bouche une toute petite chenille qu'elles portaient précieusement au'garde-manger de la république. Ce tableau les eût fait bénir de tout honnête agriculteur.

Les fourmis maçonnes, qui travaillent en terre et entièrement sous terre, sont difficiles à observer. Mais celles qu'on appellerait charpentières peuvent être aisément suivies, du moins dans la partie supérieure de leurs constructions. Elles sont obligées d'exhausser et de réparer sans cesse le dôme de leur édifice, sujet à crouler. Au peu de terre qu'elles emploient, elles mêlent les feuilles, les aiguilles de sapin, des chatons de pin. Si un brin se trouve arqué, coudé, noueux, c'est un trésor : elles s'en servent comme arcade, mieux encore, comme ogive; car l'arc pointu est plus solide. Les avenues nombreuses qui mènent au dehors rayonnent en éventail; elles partent d'un point concentrique et s'épanouissent à la circonférence. Des salles basses, mais spacieuses, divisent la masse de l'édifice. La plus vaste est au centre et sous le dôme, salle aussi plus élevée et destinée, ce semble, aux communications publiques. Vous y trouveriez à toute heure des citoyens affairés qui, par le contact rapide de leurs antennes (sorte de télégraphe électrique), paraissent se communiquer les nouvelles, se donner des avis ou des directions mutuelles. C'est une espèce de forum.

Rien de plus curieux à observer que les mouvements et les travaux divers de ce grand peuple. Tandis que des pourvoyeuses s'en vont traire les pucerons, chasser aux insectes ou se fournir de matériaux, d'autres, sédentaires, se livrent entièrement aux soins de la famille, à l'éducation des enfants. Occupation immense, incessante, si l'on en juge par le mouvement continuel des nourrices autour des berceaux. Qu'il tombe une goutte de pluie, qu'il fasse un rayon de soleil, c'est un remuement général, un déménagement de tous les enfants de la colonie, et cela avec une ardeur qui ne se lasse jamais. On les voit enlever délicatement ces gros enfants qui pèsent autant qu'elles, et, d'étage en étage, les placer au point nécessaire.

Cette échelle de chaleur, en quarante degrés, qu'est-ce autre chose que le thermomètre?

Ce n'est pas tout. Les soins de l'alimentation, et ce qu'on appellerait l'allaitement, sont aussi beaucoup plus compliqués que chez les abeilles. Les

œufs doivent recevoir de la bouche des berceuses
une humidité nourrissante. Les larves prennent la
becquée. Celle qui a filé sa coque et devient nymphe n'aurait pas la force d'en sortir, si les surveil-
lantes, attentives, n'étaient là pour ouvrir cette
coque, délivrer la petite fourmi et l'initier à la lumière. Dans les fourmilières artificielles que nous
nous sommes procurées pour voir de plus près,
nous avons été à même d'observer un détail qu'Huber regrette de n'avoir pu saisir.

De légers mouvements imprimés par l'enfant à
son maillot avertissent que son heure est venue.
Nous prenions plaisir à regarder les nourrices assises sur leurs reins comme de petites fées, immobiles et dressées, épiant visiblement sous ce voile
muet le premier désir de liberté.

Comme chez toute race supérieure, cet enfant
naît faible, inhabile à tout. Ses premiers pas sont
si chancelants, qu'il tombe à chaque instant sur ses
genoux. Il faut, pour ainsi dire, le tenir à la lisière.
Sa grande vitalité ne se trahit que par un besoin
incessant de nourriture. Aussi, quand les chaleurs
sont fortes et qu'il faut ouvrir un grand nombre
de maillots par jour, on parque les nouveau-nés
dans un même point de la cité.

Un jour, pourtant, j'en vis une montrer sa tête,
un peu pâle encore, à l'une des portes de la ville,

puis dépasser le seuil et marcher sur le faîte de la .
fourmilière. Mais on ne lui permit pas longtemps
cette escapade. Une nourrice, la rencontrant, la saisit par le sommet de la tête, et l'achemina doucement vers l'une des portes les plus voisines.

L'enfant fit résistance; il se laissa traîner, et dans
la route ayant rencontré une poutrelle, il en profita
pour se roidir et épuiser les forces de sa conduc-
trice. Celle-ci, toujours douce, lâcha prise un instant, fit un tour et revint à la charge auprès de son
nourrisson, qui, lassé enfin, finit par obéir.

Quand celui-ci est fortifié, il faut le diriger, lui
apprendre à connaître le labyrinthe intérieur de la
cité, les faubourgs, les avenues qui mènent au dehors et les sentiers de la banlieue. Puis on le dresse
à la chasse, on l'habitue à se pourvoir, à vivre de
hasard et de peu, de tout aliment. La sobriété est
la base de toute république.

La fourmi, qui n'est point dédaigneuse et accepte
toute nourriture, est, pour cela même, moins inquiète et moins égoïste. C'est bien à tort qu'on l'appelait *avare*. Loin de là, elle ne semble occupée
qu'à multiplier dans sa ville le nombre des coparta-
geants. Dans sa maternité généreuse pour ceux
qu'elle n'a pas enfantés, dans sa sollicitude pour
ces petits d'hier qui deviennent aujourd'hui de
jeunes citoyens, naît un sens tout nouveau, fort

·rare chez les insectes, celui de la fraternité. (Latreille, Huber.)

Le point le plus obscur, le plus curieux de cette
éducation, c'est sans doute la communication du
langage, qui rappelle les formes de la franc-maçon-
nerie. Il leur permet de transmettre à des foules des
avis souvent compliqués, et de changer en un moment la marche de toute une colonne, l'action de
tout un peuple. Ce langage consiste principalement dans le tact des antennes, ou dans un choc
léger des mandibules. Elles insistent (peut-être pour
persuader) par des coups de tête contre le thorax.
Enfin, il leur arrive d'enlever l'auditeur, qui ne fait
aucune résistance, et de le transporter au lieu,
à l'objet désigné. Dans ce cas, qui sans doute est
celui d'une chose difficile à croire ou à expliquer,
l'auditeur convaincu s'unit à l'autre, et tous deux
vont enlever d'autres témoins qui, à leur tour, font
sur d'autres, en nombre toujours croissant, la même
opération. Nos mots parlementaires, *enlever la foule*,
transporter l'auditoire, etc., ne sont nullement mé-
taphoriques chez les fourmis.

A cette vive gesticulation, elles joignent beaucoup
d'autres mouvements peu explicables. Ce sont des
cavalcades où elles courent montées l'une sur l'autre, de légers défis par de petits coups sur les joues.
Elles se dressent alors et luttent deux à deux, se ti-

rant par une jambe, par une mandibule ou par une antenne. On a appelé cela des jeux ; mais je ne sais qu'en croire. Chez un peuple si appliqué, si visiblement sérieux, cette gymnastique a peut-être un but hygiénique que nous ne savons pas.

Nous avions si bien ménagé nos prisonnières, qu'elles s'étaient habituées à leur nouveau domicile, et travaillaient sous nos yeux comme elles l'eussent fait dans leur propre cité. Elles s'étaient refait une petite ville en miniature avec des portes dont elles augmentaient soigneusement le nombre, dans les jours de fortes chaleurs surtout, sans doute pour donner de l'air aux petits, qu'on avait soin de placer près des ouvertures.

Le soir, consciencieusement, selon leur invariable usage, elles procédaient au travail de la fermeture des portes, comme ayant toujours à craindre quelque nocturne invasion des vagabonds sans industrie. Spectacle fort intéressant, dont nous allions souvent jouir devant les grandes fourmilières en activité.

Nul tableau plus varié; de toutes parts, à grandes distances, on les voyait venir en longues files, apportant toutes quelque chose, l'une un long fétu de paille, l'autre un chaton de pin, ou (selon les pays) de noires feuilles de sapin en aiguille. Telle, comme un petit bûcheron revenant à la tombée du jour, rapportait une branchette, un imperceptible

fagot; d'autres enfin, qui semblaient revenir à vide,
n'en étaient que plus chargées : elles venaient de
traire les pucerons, et rapportaient aux petits
comme l'allaitement du soir.

Aux approches de la cité, aux points où commençait la pente, c'était plaisir de voir la vigueur,
l'ardeur, le zèle avec lesquels on faisait gravir tant
de pesants matériaux. Dès qu'une lâchait, n'en pouvait plus, une ou deux autres succédaient. Et la so-
live, la poutre, vivement enlevée, semblait comme
animée, montait. L'adresse et le coup d'œil sup-
pléaient à la force. Arrêté ici, on tournait et l'on
avançait par là un peu plus haut qu'il ne fallait ;
alors on dévalait le poids précisément sur l'ouverture qu'on voulait masquer ; un vif et léger mouvement faisait pirouetter la masse, qui tombait à
point. Nombre de problèmes de statique et de mécanique étaient résolus par une heureuse audace et
dans une grande économie d'efforts. Peu à peu,
tout se trouvait clos. Le vaste dôme, embrassant
d'une courbe douce et je dirais moelleuse tout un
grand peuple travailleur dans son légitime repos,
n'offrait plus aucun jour, ni porte ni fenêtre, et
paraissait un simple monticule de petits débris de
sapin. Est-ce à dire que tout reposât en pleine confiance ? on aurait eu tort de le croire. Quelques sentinelles erraient ; au plus léger contact d'une ba-

guette, au frôlement d'une feuille, quelques gardes sortaient, couraient autour, et, rassurés, rentraient, mais sans nul doute pour continuer la veille et rester en faction.

La scène la plus surprenante à laquelle on puisse assister, c'est un mariage de fourmis.

Les folies, comme on sait, les plus folles sont celles des sages. L'honnête, l'économe, la respectable république donne alors (un seul jour, il est vrai, par année) un prodigieux spectacle, d'amour? de fureur? on ne sait, mais plein de vertige, et, tranchons le mot, de terreur. M. Huber y trouve l'aspect d'une fête nationale. Quelle fête ! et quelle scène d'ivresse ! Mais non, rien d'humain ne donne l'idée de cette tourbillonnante effervescence.

Je l'observai, un jour d'orage, entre six et sept heures du soir. Ce jour avait été mêlé d'ondées et de chaude lumière. L'horizon était fort chargé, et cependant l'air calme. Il y avait une halte pour la nature avant la reprise des grandes pluies.

Sur un toit bas et incliné, je vois, d'une même averse, tomber tout un déluge d'insectes ailés qui semblaient étourdis, ahuris, délirants. Dire leur agitation, leurs courses désordonnées, leurs culbutes et leurs chocs pour arriver plus tôt au but, serait chose impossible. Plusieurs se fixèrent et aimèrent. Le plus grand nombre tournait, tournait sans s'arrêter. Tous étaient si pressés de vivre, que cela même y faisait obstacle. Ce désir fiévreux faisait peur.

Terrible idylle ! On n'eût pas su, en conscience, ce qu'ils voulaient. S'aimaient-ils ? se dévoraient-ils ? A travers ce peuple éperdu de fiancés qui ne connaissaient rien, erraient d'autres fourmis sans ailes, qui s'attaquaient surtout aux gens les plus embarrassés, les mordaient, les tiraient si bien que nous pensâmes les voir croquer les amoureux. Mais point. Elles voulaient seulement s'en faire obéir et les rappeler à eux-mêmes. Leur vive pantomime, c'était le conseil de la sagesse traduit en action. Les fourmis non ailées étaient les sages et irréprochables nourrices, qui, n'ayant pas d'enfants, élèvent ceux des autres, et portent tout le poids du travail de la cité.

Ces vierges surveillaient les amoureuses et paresseuses, inspectaient sévèrement les noces comme l'acte public qui, chaque année, refait le peuple. Leur crainte naturelle était que ces fous envolés n'allassent faire l'amour ailleurs, créer d'autres peuplades, sans souci de la mère patrie.

Plusieurs ailées cédaient, se laissaient ramener en bas, vers la patrie et la vertu. Mais beaucoup s'arrachaient, et décidément s'envolaient, ne voulant suivre que l'amour et le caprice.

Ce fut une étonnante vision, un songe fantastique, à ne sortir jamais du souvenir.

Au matin, rien qui rappelât les fureurs de la veille, sauf des débris d'ailes arrachées, où l'on n'eût pas deviné la trace d'une unique soirée d'amour.

XX

LES FOURMIS

LEURS TROUPEAUX ET LEURS ESCLAVES

XX

LES FOURMIS.

LEURS TROUPEAUX ET LEURS ESCLAVES.

Quand, pour la première fois, j'appris par la lecture d'Huber ce fait bizarre, prodigieux, que certaines fourmis ont des esclaves, je fus bien étonné (tout le monde l'a été à cette étrange révélation); mais je fus surtout attristé et blessé.

Quoi! je quitte l'histoire des hommes pour chercher l'innocence; j'espère trouver tout au moins chez les bêtes la justice égale de la nature, la primitive rectitude du plan de la création; je cherche chez ce peuple, que jusque-là j'aimais et estimais, peuple laborieux, peuple sobre, image sévère et toúchante des vertus de la république.... et j'y trouve cette chose sans nom !

Quelle joie et quelle victoire pour les partisans de l'esclavage, pour tous les amis du mal !... Enfer et tyrannie, riez et réjouissez-vous.... Une tache noire s'est révélée dans la lumière de la nature.

J'avais jeté Huber, et jamais livre ne me parut plus odieux. Pardon, illustre observateur, votre aïeul, votre père, m'avaient ravi, charmé. Le premier, Huber, le grand historien des abeilles, a ajouté à la religion des hommes ; il a relevé nos cœurs. Mais l'Huber des fourmis avait brisé le mien.

C'était cependant un devoir de reprendre le livre et d'examiner de plus près. Un insecte immoral, machiavélique et pervers ! cela vaut d'être examiné.

Mais, d'abord, distinguons. Une partie des prétendus esclaves pourrait n'être que des bestiaux.

Il suffit de voir les fourmis, maigres à ce point, brillantes et vernissées, pour supposer qu'elles sont les plus adustes, les plus brûlés de tous les êtres. Leur singulière âcreté est constatée par la chimie, qui a su tirer de leur corps le mordant acide formique. Elles le lancent parfois, quand elles sont en péril, comme un venin, à leurs ennemis. Elles l'emploient, dans certaines espèces, à sécher, noircir, brûler presque, les arbres où elles se font des demeures. Une substance si corrosive pour les

autres ne l'est-elle pas pour elles-mêmes? Je serais
tenté de le croire, et j'attribuerais à cette âcreté
l'avidité extrême qu'elles témoignent pour le miel
et autres choses qui l'adoucissent. Je soumets cette
hypothèse aux savants.

Les fourmis du Mexique, dans un climat favorisé
entre tous, ont deux classes d'ouvrières, les unes
qui vont chercher les provisions, les autres inac-
tives et sédentaires, qui les élaborent et en font une
espèce de miel dont elles se nourrissent toutes.

Les fourmis de nos climats, pour la plupart incapables de faire du miel, satisfont au besoin qu'elles
en ont en léchant ou trayant une sorte de miellée
sur les pucerons, inertes animaux qui, sans travail,
par le seul fait de l'organisation, tirent des liquides
sucrés de toutes sortes de plantes. La transmission
de ce miel aux fourmis se fait sans violence et
comme d'un consentement mutuel.

Elle s'opère par une sorte de chatouillement ou
de traction douce, comme celle que nous exerçons
sur une vache. Ces pucerons, placés à l'extrême
limite de la vie animale, très-flottants d'organisation, vivipares en été, ovipares en automne, sont
de très-humbles créatures, prodigieusement inférieures en intelligence aux fourmis. Le verre grossissant vous les montre toujours courbés, toujours
à paître. Leur attitude est celle des bestiaux. Ce sont

pour les fourmis leurs vaches laitières. Pour en profiter en tous temps, elles les transportent souvent dans la fourmilière, où ils vivent à merveille ensemble. Elles soignent les œufs des pucerons, en ménagentl'éclosion, repaissent les pucerons adultes de leurs végétaux favoris.

Dans les situations où il y aurait difficulté pour les transporter et les mettre à l'étable, elles les parquent sur place, construisent, tout autour des rameaux, des cylindres de terre qui enveloppent avec eux leur arbre de pâture. On peut appeler cela les parcs, les chalets des fourmis. Elles y vont traire leurs bêtes à certaines heures, et parfois portent leurs petits au milieu du troupeau pour leur distribuer plus aisément la nourriture. J'assiste bien souvent, le soir surtout, à ces scènes hollandaises, auxquelles il ne manqne jusqu'ici qu'un Paul Potter des fourmis.

Notez que ces pucerons, transportés ou parqués sur place, ont l'avantage inappréciable d'avoir la garantie et la défense de la redoutable république. Le *lion des pucerons* (on appelle ainsi un petit ver) et autres bêtes sauvages, s'ils osaient approcher du bétail des fourmis, sentiraient cruellement les fortes mandibules et le brûlant acide formique.

Jusque-là donc, point de reproche : ce sont des bestiaux et non des esclaves. Elles font ce que nous

faisons ; elles usent du privilége des êtres supérieurs, et elles en usent avec douceur et plus de
ménagement que l'homme.

Mais voici le plus délicat. Il y a deux espèces
de fourmis, assez grosses, du reste, nullement dis-
tinguées, qui emploient comme servantes, nourrices et cuisinières, de petites fourmis qui ont bien
plus d'art et plus d'*ingegno*.

Ce fait bizarre, qui semble devoir changer toutes
nos idées sur la moralité animale, a été trouvé au
commencement de ce siècle. Pierre Huber, fils du
célèbre observateur des abeilles, se promenant dans
une campagne près de Genève, vit à terre une forte
colonne de fourmis *roussâtres* qui étaient en marche,
et s'avisa de la suivre. Sur les flancs quelques-unes,
empressées, allaient et venaient, comme pour ali-
gner la colonne. A un quart d'heure de marche,
elles s'arrêtent devant une fourmilière de petites
fourmis noires ; un combat acharné s'engage aux
portes.

Les noires résistent, en petit nombre ; la grande
masse du peuple attaqué s'enfuyait par les portes
les plus éloignées du combat, emportant leurs petits. C'était précisément de ces petits qu'il s'agissait ;
ce que les noires craignaient avec raison, c'était un
vol d'enfants. Il vit bientôt les assaillants qui avaient
pu pénétrer dans la place en ressortir chargés d'en-

fants des noires. On eût cru voir sur la côte d'Afrique une descente de négriers.

Les rousses, chargées de ce butin vivant, laissèrent la pauvre cité dans la désolation de cette grande perte, et reprirent le chemin de leur demeure, où les suivit l'observateur ému et retenant presque son souffle. Mais combien son étonnement s'accrut quand aux portes de la cité rousse, une petite population de fourmis noires vint recevoir les vainqueurs, les décharger de leur butin, accueillant avec une joie visible ces enfants de leur race, qui, sans doute, devaient la continuer sur la terre étrangère.

Voilà donc une cité mixte, où vivent en bonne intelligence des fourmis fortes et guerrières et de petites noires. Mais celles-ci, que font-elles? Huber ne tarda pas à voir qu'elles seules, en effet, faisaient tout. Seules elles construisaient; seules elles élevaient les enfants des rousses et ceux de leur espèce qu'elles leur apportaient; seules elles administraient la cité, l'alimentation, servaient et nourrissaient les rousses, qui, comme de gros enfants géants, indolemment se faisaient donner la becquée par leurs petites nourrices. Nul travail que la guerre, le vol et leur piraterie de négriers. Nul mouvement, dans les intervalles, que de vagabonder oisives, et de se chauffer au soleil sur la porte de leurs casernes.

Le plus curieux, c'est de voir ces ilotes civilisés aimer leurs gros guerriers barbares et soigner leurs enfants, accomplir avec joie les œuvres de servage, que dis-je? pousser à l'extension du servage, encourager les vols d'enfants. Tout cela n'a-t-il pas l'apparence d'un libre consentement à l'ordre de choses établi?

Et qui sait si la joie, l'orgueil de gouverner les forts, de maîtriser les maîtres, n'est pas pour ces petites noires une liberté intérieure, exquise et souveraine, au-dessus de toutes celles que leur aurait données l'égalité de la patrie?

Huber fit une expérience. Il voulut voir ce qu'il adviendrait, si ces grosses rousses se trouvaient sans serviteurs, et si elles sauraient se servir elles-mêmes. Il pensa peut-être que ces dégénérées pourraient se relever par l'amour maternel, si fort chez les fourmis.

Il en mit quelques-unes dans une boîte vitrée, et avec elles quelques nymphes. Instinctivement, elles se mirent d'abord à les remuer, à les bercer à leur manière; mais bientôt elles trouvèrent (fort grosses et bien portantes qu'elles étaient!) que c'était un poids trop lourd; elles les laissèrent là, par terre, et les abandonnèrent. Elles s'abandonnaient elles-mêmes. Huber leur avait mis du miel dans un coin, et elles n'avaient qu'à prendre. Misérable dégradation, cruelle punition dont l'esclavage atteint les maîtres; elles n'y touchèrent pas; elles semblaient ne plus rien connaître; elles étaient devenues si grossièrement ignorantes, indolentes, qu'elles ne pouvait plus se nourrir. Elles moururent, en partie, devant les aliments.

Alors, Huber, pour compléter l'expérience, introduisit une seule petite noire. La présence de ce sage ilote changea tout, et rétablit la vie et l'ordre. Il alla droit au miel et nourrit les gros imbéciles mourants; il fit une case dans la terre, un couvoir, y mit les petits, prépara l'éclosion, surveilla les maillots (ou nymphes), amena à bien un petit peuple, qui, bientôt laborieux à son tour, devait seconder sa nourrice. Heureuse puissance de l'esprit! Un seul individu avait recréé la cité.

L'observateur comprit alors qu'avec une telle supériorité d'intelligence, ces ilotes, en réalité, devaient, dans la cité, porter légèrement le servage et peut-être gouverner leurs maîtres. Une étude persévérante lui montra qu'en effet il en était ainsi. Les petites noires, en beaucoup de choses, pèsent d'une autorité morale dont les signes sont très-visibles; elles ne permettent pas, par exemple, aux grosses rousses de sortir seules pour des courses inutiles, et elles les forcent à rentrer. Même en corps, ces guerriers ne sont pas libres de sortir, si leurs sages petits ilotes ne jugent pas le temps favorable, s'ils craignent l'orage, ou si le jour est avancé. Quand une excursion réussit mal et que les rousses reviennent sans enfants, les petites noires sont à la porte de la cité pour les empêcher de rentrer et les renvoyer au combat. Bien plus, on les voit empoigner ces lâches au collet, et les forcer de se remettre en route.

Voilà des faits prodigieux, tels que les vit l'illustre observateur. Il n'en crut pas ses yeux, et il appela un des premiers naturalistes de la Suisse, M. Jurine, pour examiner de nouveau et décider s'il se trompait. Ce témoin, et tous ceux qui observèrent ensuite, trouvèrent qu'il avait très-bien vu.

Oserai-je le dire? après des témoignages si graves, je conservais quelque doute. Tranchons le mot, *j'espérais* que le fait, sans être absolument faux, avait été mal observé. Le dimanche 2 août 1857, je l'ai vu, de mes yeux vu, dans le parc de Fontaine-bleau. J'étais avec un savant illustre, excellent observateur, et qui vit tout comme moi.

C'était une journée très-chaude. Il était quatre heures et demie de l'après-midi. Nous vîmes sortir d'un tas de pierres une colonne de fourmis, quatre à cinq cents fourmis rousses ou rougeâtres, précisément de la couleur des élytres du hanneton. Elles

marchaient rapidement vers un gazon, maintenues
en colonnes par leurs sergents ou serre-files que l'on
voyait sur les flancs, et qui ne permettaient pas que
l'on s'écartât (c'est ce que tout le monde a pu voir
sur une file de fourmis en marche). Mais ce qui me
parut nouveau et qui m'étonna, c'est que peu à
peu celles qui étaient à la tête, se rapprochant les
unes des autres, n'avançaient plus qu'en tournant;
elles passaient et repassaient par la foule tourbillonnante, et décrivaient des cercles concentriques;
manœuvre évidemment propre à produire l'exaltation, à augmenter l'énergie, chacune, par le contact,
s'électrisant de l'ardeur de toutes.

Tout à coup, la masse tournante semble s'enfon-
cer, disparaît. Dans le gazon, où rien n'indiquait
qu'il y eût une fourmilière, se trouvait un imperceptible trou où nous les vîmes s'engloutir en moins
de temps qu'il n'en faut pour écrire cette ligne.
Nous nous demandions si c'était une entrée de leur
domicile, si elles rentraient dans leur cité.... En
une minute au plus, elles nous donnèrent la réponse, nous montrèrent que nous nous trompions.
Elles sortirent à flots brusquement, chacune emportant une nymphe sur ses mandibules.

Qu'il fallût si peu de temps, cela disait suffisamment qu'elles avaient su d'avance les localités,
la place des œufs, l'heure où ils sont concentrés,

enfin la mesure des résistances qu'elles avaient à attendre. Peut-être n'était-ce pas leur premier voyage.

Les petites noires sur qui les rousses faisaient la razzia sortirent en assez grand nombre ; mais j'en eus vraiment pitié. Elles n'essayaient pas de combattre. Elles semblaient effarées, éperdues. Elles tâchaient seulement de retarder les ravisseurs en s'y accrochant. Une rousse fut ainsi arrêtée, mais une autre rousse qui était libre la débarrassa du fardeau ; et dès lors, la noire la lâcha. La scène enfin fut lamentable pour les noires. Elles ne firent nulle sérieuse résistance. Les cinq cents rousses réussirent à enlever trois cents enfants à peu près. A deux ou trois pieds du trou, les noires cessèrent de les poursuivre, désespérèrent, se résignèrent. Tout cela ne dura pas dix minutes pour l'aller et le retour. Les deux parties étaient trop inégales. C'étaient évidemment un facile abus de la force, très-probablement une avanie souvent répétée, une tyrannie des grosses, qui levaient sur leurs pauvres petites voisines des tributs d'enfants.

Ce fait choquant et hideux, tâchons du moins de le comprendre. Il est propre à quelques espèces ; il est un incident particulier, un cas exceptionnel, mais rentrant au total dans une loi générale de la vie des fourmis. Leurs sociétés reposent sur le principe de *la division du travail* et de *la spécialité des fonctions*. La fourmilière à l'état normal comprend, comme on sait, trois classes : 1° la grande masse, composée des vierges laborieuses, qui s'en tiennent à l'amour des enfants communs à la république et font tous les travaux de la cité ; 2° des femelles fécondes, faibles, molles, inintelligentes ; 3° de petits mâles chétifs qui ne naissent que pour mourir.

La première classe, en réalité, c'est véritablement le peuple. Or, dans ce peuple, vous trouvez deux divisions industrielles, deux grands corps de métiers. L'un fait toutes les œuvres de force, transports d'objets pesants, quête lointaine et périlleuse de vivres, et au besoin la guerre. L'autre, presque toujours à la maison, reçoit les matériaux, fait le ménage, toute l'économie intérieure, mais surtout l'œuvre capitale de la cité, l'éducation des enfants.

Les deux corporations, celle des pourvoyeuses et guerrières, celle des nourrices et gouvernantes, sont (dans chaque tribu) de taille inégale, mais identiques d'espèce, de couleur, d'organisation.

L'égalité morale semble parfaite entre ces guerrières de grande taille et ces petites industrieuses. S'il y avait quelque différence, on pourrait dire que la classe des petites, qui fait la cité et qui fait le peuple par l'éducation, est vraiment la partie essentielle, la vie, le génie, l'âme ; celle qui seule, au besoin, pourrait constituer la patrie.

Or, voici que M. Huber découvre deux espèces (rousse et rouge) à qui manque justement cette classe essentielle, cet élément fondamental des cités de fourmis. Si la classe accessoire, la classe guerrière, manquait, cela surprendrait moins. Mais ici, en réalité, c'est la base qui fait défaut, le fond vital, la raison d'être. On est moins étonné de la ressource dépravée par laquelle subsistent ces rousses que de la monstrueuse lacune qui les force d'y recourir.

Il y a là un mystère qu'on ne peut guère expliquer aujourd'hui, mais que l'histoire générale de l'espèce, de ses migrations, de ses changements, si on pouvait la refaire, éclaircirait probablement. Qui ne sait combien les animaux se modifient au dehors, au dedans, dans leurs formes et dans leurs mœurs, par les déplacements ? Qui, par exemple, reconnaîtrait le frère de nos bouledogues, du chien de Saint-Bernard, du chien géant de Perse qui étranglait les lions, dans le chien avorton de la Havane, si frileux qu'en ce climat même la nature l'a vêtu d'une toison épaisse, qui le cache et en fait une énigme ?

L'animal transplanté peut devenir un monstre.

Les fourmis aussi ont pu avoir leurs révolutions, leurs changements physiques et moraux, à mesure que le globe, partout habitable, a favorisé leurs migrations. Plusieurs espèces, dans les beaux climas de l'Amérique, ont gardé l'industrie de faire du miel; les nôtres n'en savent pas faire et elles ont été obligées de recourir aux pucerons; de là un art et un progrès, l'industrie d'élever, de garder, de parquer ce bétail.

Telles espèces ont pu avancer, mais telles rétrograder. Et c'est ainsi que j'expliquerai ce brigandage des rousses. Ce sont probablement des classes dépaysées et démoralisées, des fragments de cités déchues qui ont perdu leurs arts, et qui ne vivraient pas sans ce moyen barbare et désespéré de l'esclavage. Elles n'ont plus la caste artiste, éducatrice, sans laquelle tout peuple périt. Réduites à la vie militaire, elles ne vivraient pas deux jours, si elles ne s'ajoutaient des âmes. Elles vont donc, pour ne pas périr, voler ces petites âmes noires, lesquelles les soignent, il est vrai, mais aussi les gouvernent. Et cela non-seulement dans l'intérieur de la cité, mais au dehors, décidant leurs expéditions ou bien les ajournant, enfin réglant la guerre, tandis que les rousses, loin de régler les affaires de la paix, ne semblent même pas les comprendre.

Triomphe singulier de l'intelligence! Puissance invincible de l'âme!

XXI

LES FOURMIS

LA GUERRE CIVILE; L'EXTERMINATION DE LA CITÉ.

XXI

LES FOURMIS.

LA GUERRE CIVILE; L'EXTERMINATION DE LA CITÉ.

Une punition du tyran, c'est que, le voulût-il, il ne peut aisément délivrer son captif. Aussi longtemps que mon rossignol chante, je vois qu'il sent bien peu sa cage, et je porte légèrement sa captivité; mais, dès que le temps du chant passe, je partage sa mélancolie, et toujours me revient la question; « Comment le délivrer? » Il ne sait plus voler et il est à peu près sans ailes. Libre, il périrait à deux pas. Les libertés qu'il prend à Paris dans une grande chambre, et ici, à Fontainebleau, dans un petit jardin, sont peu de chose en vérité. Il n'en profite

guère; presque toujours il reste caché dans un gro-
seillier, à songer et à écouter. Ce qu'il entend, les
chants vifs des fauvettes, des voix d'amour et de
maternité, redouble, je crois, sa tristesse. Si bien
qu'ici, en plein air, sous le ciel, dans une liberté relative, il perdait l'appétit et ne voulait plus manger.
Nous avisâmes de lui rendre son régime naturel et
de l'alimenter des insectes qui le nourrissent dans
les bois. Autre difficulté. Qui n'aurait répugnance
de chercher, d'apporter des proies vivantes à dévorer? Nous aimions mieux lui donner des insectes
à venir, des œufs d'insectes, d'inertes nymphes
endormies. On en fait commerce à Fontainebleau,
où nos seigneurs les faisans, race féodale, ne dai-
gnent manger autre chose que des œufs de fourmis.

Donc, le 8 juin au soir, on m'apporta de la forêt
un gros morceau de terre mêlé de petites bûchettes
de bois et surtout de petits débris d'arbres du Nord,
des aiguilles de sapins ou menues feuilles piquantes
qui semblent des épines.

Au milieu, les habitants pêle-mêle, de toute taille
et de tout état, œufs, larves, nymphes, ouvrières
fort petites, grandes fourmis qui semblaient être des
guerrières et des protectrices, enfin, quelques femelles qui venaient de prendre leurs habits de noces, les ailes qu'elles portent pour le moment de

l'amour. C'était ainsi un spécimen très-complet
de la cité, varié, mais bien marqué d'un même
signe, tout ce peuple brunâtre ayant au corselet
une même tâche d'un rouge obscur. Comme classe
et profession de fourmis, elles étaient aisément ca-
ractérisées par leur logis même, quoique boule-
versé : c'étaient des fourmis charpentières, de celles
qui étayent leurs étages supérieurs avec des bûchettes de bois.

Ce peuple, dans ce grand changement de situation, n'était nullement abattu. Il continuait ses affaires. Le capital, c'était de soustraire les œufs et les
nymphes à l'action d'un soleil trop fort. Le mouvement général les avait tirés de leurs souterrains
et les avait mis au-dessus. Les petites fourmis s'en
occupaient activement. Les grosses allaient, venaient, faisaient des rondes, et même extérieure-
ment, autour d'un grand vase de terre qui contenait
ce fragment démembré de la cité. Elles marchaient
d'un pas ferme, ne reculaient devant rien. Nous-
mêmes ne leur faisions pas peur. Quand nous pré-
sentions devant elles quelque obstacle, une branchette ou notre doigt, elles s'asseyaient sur leurs
reins, manœuvraient à merveille leurs petits bras,
et nous tapaient à la façon d'un jeune chat.

Dans leurs rondes autour du vase, elles rencon-
trèrent sur le sable des noires-cendrées qui ont pris

possession de notre jardin et y ont fait en dessous
de grands établissements. Celles-ci n'ont pas re-
cours au bois, mais bâtissent en maçonnerie, ayant
pour cimenter la terre leur salive, et pour sécher et
assainir, leur acide formique.

Ce qui leur rend le lieu fort agréable, c'est que
les rosiers, les pommiers, les pêchers, leur pré-
sentent en abondance les troupeaux de pucerons
dont elles tirent la miellée pour elles et leurs petits.

La rencontre fut peu amicale. Quoique les grosses
charpentières eussent parmi les leurs des fourmis
de taille assez petite, elles différaient fort des noires
par leurs hautes jambes et la tache rouge du corselet. Elles furent impitoyables. Peut-être soupçon-
naient-elles que ces rôdeuses noires étaient des es-
pions envoyés pour observer, pour préparer des
embûches à la colonie émigrante qui venait de dé-
barquer. Bref, les grosses charpentières tuèrent les
petites maçonnes.

Cet acte eut des résultats terribles et incalculables. Le vase était malheureusement placé près d'un
pommier couvert de ces pucerons lanigères, qui
font la désolation des jardiniers et la joie des fourmis. Nos maçonnes venaient de prendre possession
du précieux troupeau sucré et s'étaient campées
dans les racines mêmes de l'arbre, à portée de cette

grande exploitation. Elles y étaient, sous terre, en corps de peuple, dans un nombre infini.

Le meurtre eut lieu à onze heures. A onze heures un quart, au plus tard, tout le peuple noir était averti, soulevé, il était debout, monté de tous ses souterrains, sorti par toutes ses portes. Sous ces longues colonnes sombres, le sable avait disparu; nos allées étaient noires, vivantes. Le soleil, qui tombait d'aplomb dans le petit jardin, piquait, brûlait la multitude qui n'en avançait que plus vite. Vivant toujours sous la terre, elles doivent avoir le cerveau très-sensible. La furie de la chaleur, surtout la crainte que ces géants envahisseurs n'entreprissent sur leurs familles, tout cela les poussait intrépides au-devant de la mort.

D'une mort qui nous semblait certaine, car chacune des grosses charpentières, pour la taille et l'épaisseur, valait bien huit ou dix de ces petites maçonnes. Aux premières rencontres, nous avions vu qu'une grosse sur une petite l'exterminait d'un coup.

Les maçonnes avaient le nombre. Mais quoi? si les premiers rangs étaient arrêtés, périssaient, puis les seconds, puis les troisièmes, si l'armée, avançant, ne faisait que fournir de nouvelles victimes? Telles étaient nos inquiétudes. Nous craignions tout pour les petites indigènes de notre jardin, troublées par

cette intrusion d'un peuple étranger que nous
avions amené, peuple mal-appris et brutal, qui,
sans provocation aucune, avait débuté par des
meurtres sur les habitants du pays.

Nous n'avions comparé, il faut l'avouer, que les
forces matérielles, et non tenu compte des forces
morales.

Nous vîmes, au premier choc, une adresse et une
entente du côté des petites noires qui nous étonna.
Six par six, elles s'emparaient d'une des grosses,
chacune tenant, immobilisant une patte; et deux encore lui montant sur le dos, sautaient aux antennes
ne les lâchaient plus : de sorte que ce géant, ainsi
lié par tous les membres, devenait un corps inerte.
Il semblait perdre l'esprit, s'hébéter, n'avoir plus
conscience de son énorme supériorité de forces.
D'autres alors venaient, qui, dessus, dessous, sans
danger le perçaient.

La scène, regardée de près, était effroyable.
Quelque intérêt que les petites méritassent par leur
héroïsme, leur furie faisait horreur. Il était impossible de voir sans pitié ces pauvres géants garrottés,
misérablement traînés, tiraillés à droite et à gauche,
nageant comme en pleine mer dans ces flots de rage
et d'acharnement, aveugles, impuissants et sans résistance, comme de faibles moutons à la boucherie.

Nous aurions voulu, pour beaucoup, les séparer.

Mais comment faire? Nous étions devant l'infini. Les forces de l'homme expirent en présence de pareilles multitudes. Nous pouvions, à la rigueur faire un déluge universel, un petit moment de noyade. Mais cela n'eût pas suffi. Elles n'auraient pas lâché prise, et le torrent écoulé, le massacre eût continué. Le seul remède, mais atroce, et pire que le mal, eût été, à force de paille, de brûler les deux peuples, les vainqueurs et les vaincus.

Ce qui nous frappa le plus, c'est qu'en réalité il n'y avait de garrottées, de prises, que bien peu de grosses. Si celles qui restaient libres fussent tombées sur les assaillantes, elles en pouvaient faire aisément un épouvantable carnage, leur action étant si rapide et donnant la mort d'un coup. Mais elles ne s'en avisaient point. Elles couraient éperdues, et justement fuyaient au fond du danger même, au plus épais des masses ennemies. Hélas! elles n'étaient pas vaincues seulement, elles paraissaient devenues folles. Tandis que les petites, se sentant chez elles, sur leur sol, se montraient si fermes, les grosses étrangères, sans racine, fragment désespéré d'une cité anéantie, ne connaissant rien au pays où elles étaient transplantées, sentaient que tout leur était hostile, tout embûche et rien abri.... État lamentable d'un peuple où la patrie a péri, et qui a perdu ses dieux!

Ah ! je les excuse ! Nous-mêmes, nous avions presque terreur à voir ces légions de la mort, cette terrible armée de petits squelettes noirs qui avaient
tous escaladé le malheureux vase de terre, et, dans
ce lieu resserré, étouffé, brûlant, n'ayant pas même
de place, furieux, montaient les uns sur les autres.
A mesure que la déroute des grosses devenait certaine, des appétits effroyables se révélaient chez les
noires. Nous en vîmes le moment.... Ce fut un coup
de théâtre. Dans leur pantomime muette, mais horriblement éloquente, nous entendîmes ce cri :
« Leurs enfants sont gras ! »

La gloutonne armée de maigres se jeta sur les enfants. Ceux-ci, d'une race supérieure, étaient assez
lourds ; de plus, leur enveloppe oblongue de
nymphes, aux contours arrondis, offrait peu de
prise. Deux, trois, quatre petites noires, réunissant
leurs efforts, parvenaient difficilement à en faire
remonter un seul du fond du vase de terre sur ces
parois vernissées. Elles prirent alors brusquement
une résolution terrible : ce fut d'arracher ces maillots, d'emporter les enfants nus. Arrachement difficile, car le petit adhère fortement, et ses membres
repliés sont de plus soudés entre eux ; de sorte que
ce développement violent et subit ne se faisait que
par blessures, écartèlement. Elles les emportaient
tels quels, palpitants et déchirés.

Nous avions cru, au commencement de cette saisie d'enfants, voir simplement une scène d'enlèvement d'esclaves, comme ils ne sont que trop communs chez les hommes et chez les fourmis. Mais
nous comprîmes alors qu'il s'agissait de tout autre
chose. En les tirant cruellement de cette enveloppe
qui est pour elles la condition de vie, on annonçait
trop bien qu'on se souciait peu qu'ils vécussent.
C'était de la chair, de la viande que l'on emportait,
une proie tendre pour les jeunes restés au logis, les
enfants gras livrés vivants à la furie des enfants
maigres.

Pour comprendre l'horreur de la scène, il faut
savoir ce que c'est que les gros œufs de fourmis
qu'on appelle œufs improprement, mais qui sont
leurs nymphes ou chrysalides, petites fourmis or-
ganisées qui, sous le voile, affermissent leur délicate existence, tendre et molle encore. Elles y restent pour accomplir un progrès de solidification,
de coloration successive.

Ce voile très-fin et très-doux qu'elles se filent
est, comme on le sait, d'un blanc mat, teinté à peine
d'un jaune délicat, qui, plus fort, irait au nankin.
Si vous l'ouvrez un peu avant la sortie de l'insecte
parfait, vous trouvez un être justement de même
couleur, tout replié sur lui-même comme l'embryon
humain l'est au sein de sa mère. Déplié, il offre bien

l'aspect de la future fourmi, mais il en diffère singulièrement par le caractère : la tête est tout innocente ; si vous relevez les antennes qui semblent
alors des oreilles, cette jeune blanche tête semble
celle d'un petit lapin. Les yeux seuls, qui sont deux
points noirs, marqués assez fortement, annoncent
la coloration prochaine. Du reste, rien ne fait pres-
sentir que ce petit animal, faible et dénué, fort touchant et intéressant, doive, en huit jours, devenir
l'être noir si énergique, âpre de vie, âcre de sang,
qui va courir sur la terre avec cette furie de travail
et de brûlante activité.

On comprend qu'à cet état les nymphes de fourmis, laiteuses et succulentes, soient un mets fort
appétissant pour l'oiseau et pour une infinité d'êtres
qui les recherchent avidement.

Je n'ai ouvert qu'une nymphe des derniers jours
et près de l'éclosion. Mais j'en eus assez. Cette vue
(avec une loupe qui grossissait douze fois) était fort
pénible. L'être était formé et complet, déjà noir au
ventre, jaune au corselet. La tête était intelligente,
comme celle d'une vieille fourmi, mais pâle, passant
du jaune au noir. Cette tête lourde et faible encore,
et comme pleine de vertige, tombait à droite et à
gauche, avec un effet singulier de somnolence et de
douleur. On aurait cru qu'elle disait : « Ah ! si-
tôt !.. M'avoir appelée si cruellement, avant l'heure,

de mon doux berceau au dur travail de la vie !...
Mais c'en est fait de moi ! » Elle s'efforçait cependant,
pour faire face aux chances inconnues de sa situation nouvelle, de dégager vivement ses pattes adhé-
rentes. Les antennes l'étaient déjà parfaitement et
s'agitaient pour percevoir le monde nouveau ; cet
organe, tout cérébral, disait assez l'inquiétude et
l'agitation du cerveau. Sa plus grande contrariété
était de ne pouvoir délivrer ses deux bras (ou pattes
antérieures). Elle y travaillait violemment. Ils étaient
collés de je ne sais quoi qu'on aurait dit du sang
pâle, et l'on suait à voir le pauvre petit être, déjà
prudent et craintif, ne pouvant pas arriver à compléter ses moyens de défense, et tirer, tirer (ce
semble à les arracher) ses deux bras sanglants.

J'ai expliqué ceci un peu longuement, pour faire
comprendre l'intérêt passionné que les fourmis portent à ces boules que notre œil trouverait insigni-
fiantes. Elles sentent, sous la transparence de ce fin
tissu, palpiter l'enfant sous ces deux formes tou-
chantes, ou la créature innocente, dénuée, qui rêve
encore, ou l'être déjà formé, intelligent, qui perçoit
tout et ne peut se défendre, qui, même avant de
voir le jour, peut avoir toutes les craintes et les agitations de la vie.

L'impression la plus pénible, pour les petits des
insectes, c'est le froid subit, du moins la nudité,

l'exposition à l'air et à la lumière. Cela leur est tellement antipathique et douloureux que, dans certaines espèces, c'est la source de leurs arts, de leurs
plus ingénieuses inventions. Les œufs et nymphes
de fourmis dans leur petit maillot transparent, et
plus encore la larve qui en est privée, ressentent
avec une extrême sensibilité toutes les variations at-
mosphériques. De là les soins délicats, incessants de
leurs nourrices pour les porter, les monter, descendre, aux degrés bien ménagés de leur trente ou
quarante étages, pour bien garder leurs chères frileuses du froid, de l'humidité, et aussi de l'excès du
chaud. Un degré de plus ou de moins, c'est pour
elle la vie ou la mort.

Cruel et tragique changement pour ces filles de
l'amour, traitées jusque-là avec une gâterie excessive, et ménagées beaucoup plus que des princesses,
d'être brusquement mises nues, dépouillées à coups
de pinces, de dents, de tenailles, déshabillées par le
bourreau. Jetées tout à coup au soleil brûlant, traî-
nées, poussées, roulées par toutes les aspérités d'un
sable grossier, sensibles, infiniment sensibles, dans
leur nudité nouvelle, aux chocs, aux heurts, aux
sauts brusques que leurs violents ennemis ne leur
épargnaient guère.

On a vu, dans les villes prises par un ennemi furieux, que la rage ouvrait les tombeaux des morts.

Mais ici, nous assistons à l'exhumation des vivants au dépouillement de ces innocentes et si vulnérables créatures, pauvres chairs sans épiderme, pour qui le plus léger contact eût été déjà la douleur.

Cette immense exécution sur le peuple et sur les enfants fut tellement précipitée, qu'à trois heures de l'après-midi tout était fini à peu près : la cité, dans tous les sens dépeuplée et saccagée, et son avenir étaient sans résurrection.

Nous crûmes que quelque fugitive pouvait se cacher encore, que peut-être les vainqueurs abandonneraient ce désert si nous les dépaysions en les transportant avec la cité détruite dans une remise pavée hors du jardin, et qu'alors se réveillerait en elles la pensée de leur famille, à qui d'ailleurs elles ne pouvaient plus porter rien à dévorer. Cela en effet se réalisa.

Le matin du 10 juin, on les voyait dispersées sur toutes les routes qui s'acheminaient vers leur demeure, à l'autre bout du jardin. Mais la destinée des vaincus semblait accomplie. La ville défunte et muette n'était qu'un cimetière où, avec quelques corps épars, on ne voyait que du bois mort, de vieux chatons d'arbres du Nord, et ses funèbres aiguilles (de pins et sapins jadis verts) aussi mortes que la cité.

J'avoue qu'une telle vengeance, si disproportionnée à l'acte qui en fut la cause ou le prétexte, m'avait fortement indigné, et mon cœur, changeant de parti, était tout aliéné de ces barbares petites noires.

Tout autant que j'en vis qui se promenaient encore implacables sur les ruines, je les fis rudement sauter par-dessus les murs (je veux dire les bords du vase). En vain l'on me remontrait avec douceur que ces noires avaient été provoquées, qu'elles avaient montré le plus grand courage, ayant bravé un tel péril qu'on les croyait perdues d'avance. C'étaient des tribus sauvages, cruelles, mais héroïques, comme les Iroquois, les Hurons, les héros vindicatifs qui peuplaient jadis les forêts du Mississipi et du Canada. Ces raisons si bonnes ne me calmaient pas. J'avais trop cette énormité sur le cœur. Sans vouloir les écraser, j'avoue que, si ces noires féroces se trouvaient parfois sous mon pied, je ne le détournais pas.

Le malheureux vase vide me retenait, me rappelait toujours. Le soir du 11, nous y étions encore, assis par terre, le menton dans la main et tout pensifs. Nos regards plongeaient au fond. Sur l'immobilité parfaite, nous nous obstinions à vouloir un signe de vie, quelque chose qui dît encore que tout n'était pas fini. Cette volonté fixe sembla avoir la force d'une évocation, et, comme si nos désirs avaient rappelé au jour quelque misérable esprit de la cité veuve, une des victimes échappées apparut, se précipita hors du champ de mort, courut.... Et nous aperçûmes qu'elle emportait un berceau.

La nuit venait, et elle était dans un lieu tout étranger, profondément hostile, pavé de ses ennemis. Quelques trous rares, qu'on pouvait croire des asiles, étaient justement les bouches de l'enfer des noires. L'infortunée fugitive, avec le poids de cet enfant dont elle surchargeait son malheur, courait éperdue et sans savoir où. Je la suivais des yeux, du cœur ; mais l'obscurité me la déroba.

XXII

LES GUÊPES

LEUR FURIE D'IMPROVISATION

XXII

LES GUÊPES.

LEUR FURIE D'IMPROVISATION.

Quand la guêpe, un jour d'été, vous entre par la fenêtre, avec ce fort *zou! zou! zou!* agressif et menaçant, chacun se met sur ses gardes. L'enfant a peur, la femme suspend son ouvrage, l'homme même lève les yeux : « Insolente ! impudente mouche ! » Et il s'arme d'un mouchoir.

Cependant l'animal superbe, ayant volé par tous les coins, jeté sur toute la chambre un regard méprisant, rapide, part à grand bruit, sans daigner remarquer ce mauvais accueil. Tout ce qu'il a en pensée, c'est ceci : « Pauvre maison ! pas un fruit, point d'araignée, point de mouche, pas le moindre morceau de viande ! »

Alors elle fait une descente à l'étal du voisinage, chez le boucher de campagne : « Boucher, tu as ma pratique. Je veux bien me fournir chez toi. N'hésite pas, sot avare. Coupe-moi un joli morceau, et je te rendrai service. Je tuerai tes mouches à viande. Traitons, et soyons amis. Tous deux nous sommes nés pour tuer. »

Les animaux lourds et lents, dans le genre de l'homme, sont tous fort scandalisés des procédés de la guêpe. Elle agit, ne parle pas. Mais si elle daignait parler, son apologie serait simple. Un mot y sufût. C'est l'être à qui la nature impose le destin terrible d'avoir à supprimer le temps. On parle de l'*éphémère* qui vit quelques heures ; c'est assez pour qui ne fait rien. La vraie éphémère, c'est la guêpe. Elle doit dans un court été (de six mois, qui se réduit à quatre d'activité) accomplir, non-seulement le cercle de la vie individuelle, naître, manger, aimer, mourir, mais, ce qui est bien plus fort, le cercle d'une longue vie sociale, la plus compliquée qu'ait l'insecte. Ce que l'abeille élabore à la longue en plusieurs années, la guêpe doit le réaliser à l'instant. Bien plus que l'abeille ! car celle-ci fait ses rayons dans une maison préparée (ruche, creux de roche, tronc d'arbre); mais la guêpe doit improviser le dehors comme le dedans, les remparts de la cité avec la cité elle-même.

Quatre mois pour tout créer, pour faire et défaire un peuple, — peuple très-organisé !

Apprenez, races paresseuses qui dites qu'en quatre-vingts ans on n'a pas de temps, apprenez à le mépriser. C'est chose toute relative. Il n'y a jamais de temps pour la limace à plat ventre, dût-elle traîner des siècles. Il y a toujours du temps pour l'activité héroïque, la grande volonté, l'énergie.

La guêpe meurt. Sa cité de 30 000 âmes, révolutionnairement improvisée, comme par un coup foudroyant de génie et de courage, sa cité subsiste et témoigne d'elle. Solide, éminemment solide, travaillée en conscience et comme pour une éternité.

Voyons le point de départ. Une misérable mouche, qui, l'hiver, a survécu à la destruction du peuple, sort poudreuse de sa cachette. Grâce à Dieu, c'est le printemps. Va-t-elle se chauffer au soleil ? Non, pas un jour de repos. Quel premier devoir ? aimer, d'un amour brûlant, rapide, aller au but, prendre au passage cette force de vitalité qui va créer tout le peuple. L'amour au vol, nul arrêt, tout au grand but social.

Seule et sauvage, avec son idée, son espérance, cette mère de la patrie future fait d'abord les ci-

toyens, quelques milliers de travailleurs. On sait
déjà qu'entre insectes, tout travailleur est femelle.
Celles-ci sont donc des ouvrières, mais l'âpre besoin du travail supprime en elles le sexe. Elles aiment du grand amour. Vierges austères, elles n'auront d'autre époux que la cité.

Le fil du travail ardent passe de la mère aux filles.
Son travail fut d'enfanter ; le leur est d'édifier. Même
furie d'improvisation. Selon les lieux et les climats,
la tribu, l'espèce, le travail varie. Ici, elles creuse-
ront sous terre l'antre où l'on placera l'édifice, mais
en l'isolant de la terre, le gardant de l'humidité.
Là, on le suspend à l'air, en fort et dur cartonnage,
à braver toutes les pluies. Pour faire ce papier, ce
carton, on se rue à la forêt, on choisit quelque bois
bien préparé, longtemps mouillé, que la nature a
déjà roui préalablement comme nous rouissons le
chanvre. Là dedans, d'une dent âpre, aiguë (car ce
ne sont pas ici les jolies trompes d'abeilles, arran-
gées pour baiser les fleurs), là on mord profondément, on arrache et on détache, on scie les fila-
ments rebelles, on les charpit comme nous faisons
de la toile, on les pétrit d'une langue forte. La pâte
mêlée d'une salive visqueuse et agglutinante, on
l'étale en lames minces. Les dents fermées comme
un pressoir consomment l'œuvre. L'élément du carton est préparé.

Alors, commence un second art. La papetière devient maçonne. Elle n'a pas la queue du castor pour truelle, mais chez la guêpe d'Amérique une palette à la jambe sert au même usage. L'opération n'est pas la même ici et à la Guyane. La maçonne de Cayenne, ayant fait les murs, n'a qu'à y suspendre une succession de plafonds ; elle suit, dans ce pays plus sec, le type de nos maisons humaines. Mais la maçonne d'Europe, qui opère en cartonnage sous un climat humide où l'été même a parfois de longues pluies, suit un autre plan : *une maison dans la maison*, une ruche tout à fait isolée de l'enveloppe qui la contient. C'est ce qui préserve le mieux ce peuple ardent et frileux, dont il faut bien garder la flamme.

Tel dehors, donc tel dedans. Telle maison, donc tel habitant. On ne sait pas encore assez, parmi les humains, combien l'habitation influe sur nos dispositions morales. Cette duplication de muraille, ce puissant enveloppement d'un peuple ainsi serré en lui sous sa double et forte enceinte, ne contribuera pas peu à l'unité de la cité.

Autre singularité, petite, dira-t-on ? Non, grande pour l'observateur sérieux. Cette cité a deux portes ; on entre par l'une, et on sort par l'autre. Ainsi, nul encombrement ; on ne se rencontre jamais. C'est ce que fait tout peuple qui économise le temps et veut aller vite en affaires. A Londres, on fait

comme les guêpes : ici, les allants, et là les ve-
nants ; chacun prend sa droite, ceux-ci un trottoir,
ceux-là l'autre. Le Strand n'offre pas l'embarras des
flâneurs de la rue Vivienne, qui se font sans cesse
obstacle et nagent laborieusement dans les embarras qu'ils créent.

Mais revenons. Pourquoi ces constructions ? Cet
être si robuste et d'une vie si intense a-t-il donc
plus peur de l'air que tant d'insectes délicats, que la
nerveuse araignée qui n'a que sa maison de toile
ou même vit sous une feuille ? C'est là le haut
mystère de vie pour l'insecte supérieur, c'est ce qui
fait l'*ingegno* universel de la fourmi sur la terre et
sous la terre, c'est ce qui fait l'activité et le persévérant travail, l'économie de l'abeille. Quoi donc ?
l'*amour de l'avenir*, le désir de perpétuer et d'éter-
niser ce qu'on aime. Tout leur amour, c'est l'enfant.

Aimer l'enfant et l'avenir, travailler en vue du
temps et de ce qui n'est pas encore, s'épuiser, mourir de travail, pour que la postérité ait moins à travailler, et vive ! noble idéal certainement de la société, quelle qu'elle soit. On le comprend bien chez
ceux qui ont du temps devant eux, une vie à employer, comme les hommes et les abeilles. Mais que
celle qui n'a point de temps, qui meurt ce soir,
aime le temps qui ne sera pas le sien, qu'elle im-

mole ce peu de vie à la vie qui vient derrière, dévoue à l'enfant de demain son seul et unique jour, cela est propre à la guêpe ; c'est original et sublime.

Pas une minute à perdre ; la mère augmente incessamment leur charge. Elle fait, outre les travailleuses, des mâles qui ne travaillent guère, dont la petite fonction, fort courte, obtient à peine grâce pour leur inactivité. Chez ces peuples sérieux, tragiques, des insectes, la Nature, comme pour s'égayer un moment par une distraction comique, a fait les pauvres petits mâles, généralement trapus, ventrus, innocents petits Falstaff, qu'on garde comme un sérail de serviteurs sans conséquence. La caricature est complète chez les mâles de l'abeille, qui, alléguant qu'ils ne savent ni récolter au dehors, ni édifier au dedans, passent le temps à jaser devant la ruche (comme nos jeunes gens à fumer).

Chez les guêpes, la vie est tellement tendue, brûlante, âpre, que les mâles eux-mêmes, quelque fainéants qu'ils soient, n'osent rester à rien faire. Ces dames, qui ne plaisantent pas et qui ont des aiguillons dont les mâles sont dépourvus, pourraient le trouver mauvais, et les relancer à coups de poignard. Aussi ils ont imaginé de travailler sans travailler ; ils ont l'air de faire quelque chose, un peu de ménage intérieur, de propreté, de balayage. Si quelqu'un meurt, l'enterrement leur sert de prétexte; pour enlever un léger poids, ils suent, ils se mettent plusieurs. Bref, ils sont très-ridicules. Et leurs terribles compagnes, j'en suis sûr, en rient elles-mêmes.

Elles ont vraiment fort à faire. Vingt ou trente mille bouches à nourrir, c'est une bien grosse maison. Si elles avaient seulement une sage activité d'abeilles, leur cité mourrait de faim. Il leur faut une rapidité violente, furieuse, meurtrière ; il leur faut les apparences d'une gloutonnerie immense, il leur faut le culte et l'amour que Sparte avait pour le vol. Mais ce qui fait leur puissance, ce qu'on sent chez elles, pour peu qu'on les observe un moment, c'est leur magnifique insolence, le mépris superbe, qu'elles ont de tous les autres êtres, et leur forte conviction que ce bétail leur appartient. Si l'on considère, il est vrai, leur énergie, près de laquelle les lions et tigres sont des races de moutons, et leur prodigieux effort d'improvisation chaque année, et enfin leur dévouement absolu au bien public, on ne voit guère dans la nature de créatures relativement plus puissantes ni qui aient droit de s'estimer davantage.

Nos cœurs modernes pourtant ont quelque peine à admettre la violence des vertus antiques. Leur amour de la cité, illimité, va jusqu'au crime. Qui n'a vu leur ardeur féroce à poursuivre les abeilles!

Il est des espèces de guêpes qui savent pourtant faire
du miel ; mais c'est dans les beaux climats qui, ne
connaissant pas d'hiver, laissent aux guêpes un peu
de temps et de paisible travail. Ici, il n'en est pas
ainsi. Leur vie, étranglée en six mois, leur fait chercher des moyens de simplification cruelle. Il faut
du miel à leurs enfants. Donc, elles tombent sur
l'abeille, la saisissent ; de leur corps si svelte, où la
taille est un simple fil, elles recourbent l'extrémité
de sorte que la prisonnière reçoit par-dessous l'aiguillon ; poignardée, la guêpe la scie en trois coups
de dents, laisse là la tête et le corselet se débattre
longtemps encore ; mais le ventre plein de miel, la
barbare l'emporte et le donne à ses petits.

Nul remords. La mort des autres ne coûte rien
apparemment à celle qui sait que demain elle va
mourir elle-même.

Que dis-je ? ces vierges de Tauride n'attendent
pas que la nature mette sur elles sa main pesante
et l'ignoble plomb de l'hiver. Elles ont porté l'épée ;
elles veulent mourir par l'épée. La cité finit par un
grand massacre. Les enfants, si chers naguère, si
chers encore, on les tue. Enfants tardifs que le froid,
la misère, tuerait demain, leurs sœurs, tantes et bonnes nourrices, leur donnent au moins l'avantage de
mourir par ce qui les aime. Ce dernier don, une
mort courte, est libéralement octroyé à bon nom-

bre d'infortunés qui ne pensaient pas à le demander, de petits mâles inutiles, même de jeunes ouvrières qui naquirent tard et ne peuvent justifier
d'un tempérament assez fort pour résister à l'hiver. Qu'il ne soit pas dit que l'on voie la race héroïque chercher l'humiliante hospitalité des toits
enfumés de l'homme, et, pour vouloir vivre un peu
plus, étaler sa triste dépouille aux charniers d'une
araignée ! Non, enfants ! non, sœurs ! mourez. La
république est immortelle. Telle de nous, favorisée
par le miracle annuel et la loterie de la nature,
pourra tout recommencer. Qu'il en reste une, c'est
assez. Dût périr le monde, un grand cœur suffirait
pour refaire un monde.

XXIII

LES ABEILLES DE VIRGILE

XXIII

LES ABEILLES DE VIRGILE.

Tous les modernes ont triomphé de l'ignorance de Virgile et de sa fable d'Aristée, qui tire la vie de la mort et fait naître ses abeilles du flanc des taureaux immolés. Moi, je n'en ai jamais ri. Je sais, je sens, que toute parole de ce grand poëte sacré a une valeur très-grave, une autorité que j'appellerais augurale et pontificale. Le quatrième livre des Géorgiques, spécialement, fut une œuvre sainte, sortie du plus profond du cœur. C'était un pieux hommage au malheur et à l'amitié, l'éloge d'un proscrit, de Gallus, le plus tendre ami de Virgile. Cet éloge fut effacé, sans doute, par le prudent Mécène. Et Virgile y substitua sa résurrection des abeilles, ce chant plein d'immortalité, qui, dans le mystère des transformations de la nature, contient notre meilleur espoir : Que la mort n'est pas une mort, mais une nouvelle vie commencée.

Aurait-il pris le vain plaisir de faire un conte populaire à ce lieu consacré du poëme qu'avait occupé le nom d'un ami? Je ne le croirai jamais. La fable, si c'en est une, a dû avoir quelque base sérieuse, un côté de vérité. Ce n'est pas ici le poëte mondain, le chanteur urbain, comme Horace, l'élégant favori de Rome. Ce n'est pas l'improvisateur charmant de la cour d'Auguste, le léger, l'indiscret Ovide, qui trahit les amours des dieux. Virgile est l'enfant de la terre, la noble et candide figure du vieux paysan italique, religieux interrogateur, soigneux et naïf interprète des secrets de la nature. Qu'il se soit trompé sur les mots, qu'il ait mal appliqué les noms, cela n'est pas impossible ; mais pour les faits, c'est autre chose : ce qu'il dit, je crois qu'il l'a vu.

Un hasard me mit sur la voie. Le 28 octobre 1856 nous montions au cimetière du Père-Lachaise pour visiter avant l'hiver les sépultures de ma famille, la tombe qui réunit mon père et son petit-fils. Ce dernier né m'était venu l'année même qui terminait la première moitié de ce siècle, et je l'avais nommé Lazare dans mon espoir religieux du

réveil des nations. J'avais cru voir sur son visage
comme une lueur des pensées fortes et tendres qui
me remplissaient le cœur à ce dernier moment
de mon enseignement. Vanité de nos espérances !
Cette fleur de mon automne, que j'aurais voulu animer de la vitalité puissante qui a commencé tard
pour moi, elle disparut presque en naissant. Et il
me fallut déposer mon enfant aux pieds de mon
père, déjà mort depuis quatre années. Deux cyprès
que je plantai alors dans cette mauvaise terre d'argile n'en ont pas moins pris en si peu de temps une
étonnante croissance. Deux fois, trois fois plus hauts
que moi, ils dressent des branches vigoureuses d'un
jeune et riche feuillage qui veut toujours pointer
au ciel. Qu'on les baisse avec effort, elles se relèvent
fières et fortes, vivantes d'une incroyable séve,
comme si ces arbres avaient bu dans la terre ce que
j'y mis, le cher trésor de mon passé et mon invincible espérance.

Au milieu de ces pensées, montant la colline,
avant d'arriver à la tombe qui est dans l'allée supérieure, je faisais cette observation, qu'ayant eu tant
d'occasions de fréquenter ce beau et triste lieu, ayant
été à un autre âge le plus assidu visiteur des morts,
je n'avais presque jamais vu d'insectes au Père-
Lachaise. A peine, au grand moment des fleurs,
lorsque tout en est couvert et que même nombre

de vieux tombeaux abandonnés sont comme en-
gloutis dans les roses, je n'ai pas remarqué que la
vie animale y abondât, comme elle fait ailleurs.
Peu d'oiseaux, très-peu d'insectes. Pourquoi? je ne
pourrais le dire.

En faisant cette réflexion, nous avions achevé de
gravir la colline; nous étions devant la tombe. J'y
trouvai avec admiration, le dirai-je? avec une sorte
de saisissement, un surprenant démenti à ce que je
venais de dire.

Une vingtaine environ de très-brillantes abeilles
voletaient sur le jardinet, aussi étroit qu'un cer-
cueil, dépouillé et pauvre de fleurs, attristé de la
saison. Il ne restait guère dans tout le cimetière
que les dernières fleurs d'automne, quelques dé-
faillantes roses du Bengale, demi-effeuillées. Le lieu
même où nous étions, plein de constructions nouvelles, de maçonnage et de plâtre, était une Arabie
déserte. Sur la tombe enfin, il n'y avait, vers la tête
du grand-père, que quelques blancs asters, fort pâles, et sur mon enfant les cyprès. Il fallait bien que
ces asters, dans ce mauvais sol argileux, nourris ou
des souffles de l'air, ou des esprits de la terre, gar-
dassent un peu de miel, puisque ces petites glaneuses y venaient récolter encore.

Je ne suis pas superstitieux. Je ne crois qu'à un
miracle, le miracle permanent de la Providence

naturelle. J'éprouvai pourtant combien une vive surprise de cœur peut ébranler l'esprit. Je me sentis reconnaissant de voir les mystérieux petits êtres animer cette solitude, où moi-même, hélas! je viens rarement. L'entraînement croissant du travail où les jours poussent les jours, la flamme haletante de cette forge où l'on forge de plus en plus vite, doutant si l'on vivra demain, tout cela nous tient plus loin des tombeaux que nous n'y fûmes aux temps rêveurs de la jeunesse. Je fus saisi de voir celles-ci me suppléer, tenir ma place. En mon absence elles peuplaient, vivifiaient le lieu, consolaient mes morts, les réjouissaient peut-être. Mon père leur aurait souri avec sa bonté indulgente; elles auraient fait le bonheur, la première joie de mon enfant.

L'intérêt ne les menait guère. Il y avait si peu à prendre pour elles! Cependant, quand nous suspendîmes aux cyprès des couronnes d'immortelles que nous apportions, elles eurent la curiosité d'aller voir si ces nouvelles fleurs avaient en elles quelque chose. La dure et piquante corolle les rebuta vite, et les renvoya aux asters fanés. J'en fus triste, et je leur dis : « Tard, bien tard, vous venez, amies, et sur la tombe du pauvre !... Que n'ai-je à vous récompenser d'un petit banquet d'amitié, qui vous soutienne et vous réchauffe aux premiers froids qui déjà soufflent sur ces hauteurs glaciales, exposées au vent du nord! »

Comme si elles m'avaient compris, leurs mouvements répliquèrent juste. J'en vis qui, de leurs petits bras, adroitement tournés en arrière, se frottaient le dos au soleil ; elles voulaient s'imbiber à fond de ce rayon tiède et s'en pénétrer. Elles profitaient de l'heure malheureusement bien courte où le soleil tourne si vite ; on le sent à peine, et il est passé. Leur geste, très-significatif, disait manifestement : « Oh! la froide matinée que nous avons eue!... Hâtons-nous!... Avant une heure commence la soirée non moins froide, la nuit glacée, qui sait? l'hiver! et bientôt la mort pour nous. »

Elles étaient très-vives encore, merveilleusement propres et nettes, je dirais presque lumineuses, sous leurs ailes lustrées, glacées d'or. Je ne vis jamais de plus beaux insectes, plus visiblement animés d'une vie supérieure. Une chose m'embarrassait, c'est qu'elles étaient trop belles, trop luisantes, n'ayant point leur costume industriel, leur habit velu, leurs pinceaux, leurs brosses. Enfin, j'aperçus une chose, c'est qu'elles n'avaient pas non plus les quatre ailes de l'abeille, mais seulement deux.

Je reconnus mon erreur. Celles-ci sont justement celles qui trompèrent aussi Virgile. Comme moi, il les crut abeilles et leur a donné ce faux nom.

Réaumur avoue que lui-même il y fut un moment trompé.

Mais le fait conté par Virgile n'est pas inexact. On comprend qu'il ait vivement ému l'antiquité et qu'elle y ait vu un type de résurrection. Elles semblent les filles de la mort. Des trois âges de leur existence, elles passent le premier dans les eaux morbides et mortelles, funestes à tous les autres êtres, que laissent échapper les résidus de la vie en dissolution ; par une tendresse ingénieuse, la nature les y préserve, les maintient vivantes et les fait respirer en pleine mort. Le second âge, elles le passent sous la terre, dans les ténèbres, pour y dormir leur sommeil de chrysalide. Mais, quittes de cette sépulture, elles sont bien dédommagées de leur abaissement antérieur ; une vie légère, aérienne, exempte des travaux de l'abeille, glorifiée par des ailes d'or, comme celle-ci n'en eut jamais, leur est accordée, avec des mœurs douces. Innocentes et sans aiguillon, elles vivent leur saison d'amour sous le soleil et dans les fleurs. Loin de rougir de leur origine, nobles abeilles virgiliennes, elles ne dédaignent pas les fleurs du cimetière, elles font société aux morts, et, pour les vivants, recueillent ce miel de l'âme, l'espoir de l'avenir.

XXIV

L'ABEILLE AUX CHAMPS.

XXIV

L'ABEILLE AUX CHAMPS.

« Quand la plante arrive à la fleur, au plus haut point de sa vie, qu'elle prend des formes symétriques, des parfums, des couleurs, une irritabilité quasi animale, elle sort de l'isolement, et se lie davantage avec le tout. Mais elle est fixée dans un lieu et sans rapprochement d'amour. L'animal, au contraire, c'est le mouvement; il annonce sa joie de vivre par sa mobilité capricieuse. Alors la plante captive jette un regard d'amicale confiance sur la vie libre de l'animal, lui offre l'abondance de sa substance, et, pour salaire, attend de lui qu'il opère sa fécondation. Alors aussi, comme pourrait le faire un frère plus âgé, l'animal aide à la

plante, et prête à sa dépendance les secours de la
liberté. Mais, pour cela, il faut l'animal tout à fait
libre, je veux dire ailé, lié avec la vie végétale qui
fut sa bonne nourrice. Voilà l'insecte, messager et
médiateur de l'amour des plantes, leur propagateur, instrument zélé de leur fécondation.

« Avec un soin maternel, la plante, en son propre
corps, donne un lieu où l'œuf de l'insecte se développe. Elle nourrit la jeune larve qui ne peut
agir encore, mais qui enfin, sortant de sa végétation dans l'œuf, se meut librement, se nourrit. La
fécondité créatrice de la plante répare aisément
ce que lui a soustrait l'insecte, et tous deux ainsi,
l'animal et la plante, arrivent harmoniquement au
point le plus haut de la vie. L'animal, de sa basse
sphère de nutrition, s'élève à une sphère plus élevée, le pur besoin du mouvement, et la poursuite
de l'amour. La plante, il est vrai, ne monte pas si
haut ; mais sa fleur est un beau rêve d'une existence
supérieure : rêve qui, bien que passager, va, par les
fruits, assurer la conservation de l'espèce. La plante
en fleurs, l'insecte ailé, atteignent, comme de concert, un développement analogue, manifesté par
les couleurs, les belles formes symétriques, le raffinement de la substance. Des fleurs papilionacées,
par exemple, on dirait presque des insectes devenus plantes.

« Cette existence harmonique va et marche au même rhythme des moments de la journée. Chaque fleur au suc de laquelle est assigné un insecte s'épanouit à l'heure où il vit de la vie la plus active, se ferme à l'heure de son repos. Ils sentent ainsi leur unité; l'amour les attire l'un vers l'autre. La plante ici joue la femelle, base fixe de création, engagée dans la nature. L'insecte semble le petit mâle qui se détache de la terre, voltige en l'air; rappelé toutefois par la plante à l'unité du tout terrestre. Il est une anthère ailée, qui répand la vie aux fleurs. » (Burdach, livre II, ch. III.)

Ce que le vent fait au hasard, jetant, par ondées, par caprice, les éléments générateurs, l'insecte le fait par amour, amour direct de son espèce, amour indirect et confus de cet aimable auxiliaire qui l'accueille et le nourrit, qui nourrira même encore ses œufs après lui et continuera sa maternité. Aussi son action n'est pas, comme était celle du vent, extérieure et superficielle. Elle est intérieure, pénétrante; l'insecte, ardent et curieux, ne se laisse pas arrêter par ces légers petits obstacles dont la pudeur végétale entoure le seuil de ses mystères; il écarte hardiment les voiles, il entre au ménage des fleurs. Il prend, il pille, il emporte, sûr d'être approuvé de tout. La fleur, dans son expansion impuissante, est trop heureuse de ces lar-

cins libérateurs qui vont transporter son désir où
il voulait aller lui-même. « Prends, dit-elle, et
prends davantage. » L'insecte y fait tout son effort;
chacun de ses poils devient une petite flèche magnétique qui attire et veut attirer. Puisse-t-il se couvrir de ses pointes, et de toute sa surface (à l'instar
du paratonnerre) concentrer sur soi ce trésor d'é-
lectricité végétale! c'est son vœu Vœu réalisé dans
l'insecte supérieur, dans l'abeille, toute hérissée de
cet appareil attractif, l'abeille prédestinée, par les
outils qui lui sont propres, et à sa petite industrie
personnelle de faire le miel, et à la très-grande industrie, générale, universelle, de la fécondation des
plantes.

Excellente créature, à qui s'adresse surtout ce
que le grand physiologiste vient de dire de ces
amours de la fleur et de l'insecte; mais avec une
spécialité admirable de l'abeille. Elle ne prend à la
fleur que ce noble luxe de vie que celle-ci prodigue
à l'amour. Elle n'établit pas son fruit dans la plante
pour l'alimenter et pour manger sa nourrice. Au
lieu d'y déposer son œuf aux hasards de la vie végétale, comme fait le papillon de sa future chenille,
l'abeille ménage la plante et, sans l'attaquer, lui
emprunte les précieux matériaux dont son art tire
les palais d'albâtre, d'ambre ou d'or, où vont dormir ses enfants.

Cette innocence de l'abeille est un de ses hauts attributs, autant que son art admirable. Son aiguillon n'est qu'une arme défensive et très-nécessaire, non contre l'homme auquel d'elle-même elle n'aurait pas affaire, mais contre les guêpes cruelles, ses terribles ennemies. L'abeille, tout au contraire, ne fait de mal à personne. Elle ne vit point de la mort; sa vie inoffensive ne demande point d'autres vies. Elle suscite des existences innombrables, elle vivifie, elle féconde. Il n'est pas d'inculte désert, de lieu sauvage où elle n'anime, n'active la végétation languissante, pressant les plantes d'éclore, les veillant, les épiant. Elle leur reproche leur paresse, et, dès qu'elles s'ouvrent à l'amour, ces pauvres vierges muettes, elle établit de l'une à l'autre comme les pourparlers nécessaires, emporte dans ses murmures leurs poussières et leurs parfums, met en rapport les aromes qui sont leurs pensées de fleurs.

Cela commence au mois de mars. Quand un soleil incertain, mais déjà puissant, réveille la séve endormie, de petites fleurs des champs, la violette sauvage, la pâquerette des gazons, le bouton d'or des haies, la giroflée hâtive, s'épanouissent et parfument l'air. Mais cela pour un moment. A peine ouvertes à midi, dès trois heures elles se replient et voilent leurs frissonnantes étamines. A ce court moment de douce chaleur, vous voyez un petit être blond, tout velu, mais bien frileux, qui se hasarde aussi à déplier ses ailes. L'abeille quitte sa cité, sachant que la manne est prête pour elle et pour ses petits.

Peu de chose alors, il est vrai, mais la plupart des berceaux sont vides à cette époque. La grande fécondité de la mère abeille est encore cachée dans son sein. La ponte régulière, rapide, qui doit créer un monde, ne commencera que plus tard, aux beaux jours de mai.

Admirable correspondance. La plupart des fleurs frileuses, de même que la frileuse abeille, attendent une saison plus fixe pour déployer au soleil leurs corolles, trop délicates pour les caprices d'avril.

C'est plaisir de voir le commerce de ces êtres charmants. La fleur docile s'incline et se prête aux mouvements inquiets de l'insecte. Le sanctuaire qu'elle avait fermé aux vents, au regard, elle l'ouvre à sa chère abeille qui va, toute imprégnée d'elle, porter son message d'amour. Les précautions délicieuses que la nature a prises pour voiler aux profanes le mystère qui se passe là n'arrêtent pas un moment la chercheuse hardie qui est comme de la maison et ne craint pas d'être en tiers. Telle fleur, par exemple, se trouve protégée par deux pétales qui

se rejoignent et font dôme (comme l'iris du bord
des eaux, qui protége ainsi de la pluie ses délicats
petits maris). Telle autre, comme le poids de senteur,
se coiffe d'une espèce de casque dont il faut lever la
visière.

L'abeille s'établit au fond de ces réduits dignes
des fées, tendus des plus doux tapis; sous des pa-
villons fantastiques, des murailles de topaze et des
plafonds de saphirs. Mais pauvres comparaisons
empruntées aux pierreries mortes!... Celles-ci vivent, et elles sentent, elles désirent, elles attendent.
Et si l'heureux conquérant du petit royaume caché,
si l'impérieux violateur de leurs innocentes barrières, l'insecte, mêle et confond tout, elles lui diront merci, le combleront de leurs parfums et le
chargeront de leur miel.

Il y a des lieux favorisés, et il y a des heures bénies, où l'abeille, en récoltant, accomplit, chaste
travailleuse, des milliers de mariages. Sur les côtes,
par exemple, et près de la sauvage mer où l'on
n'irait guère chercher ces pacifiques idylles, s'il est
un repli bien caché, garanti, soleillé, la nature ne
manque pas, dans la douceur chaude et humide de
cet abri maternel, de faire un petit monde élu où
la fleur distille à l'abeille le plus doux de son nec-
tar, où l'abeille soulage la fleur comble et courbée
de son désir.

Chaude, humble et douce aussi est l'heure qui précède le soir. Caressée du dernier soleil dont elle garde en soi la tiédeur, humectée dans sa corolle de la brume légère qui déjà blanchit, la fleur se sent vivre deux fois et d'une double électricité; elle est pressée d'aimer, elle aime. Les étamines éclatent, secouent leur nuage d'encens. Vienne la médiatrice, à cette heure charmante et sacrée, qu'elle vienne la secourable abeille! qu'elle s'empare de ces parfums que le vent du soir aurait dispersés, qu'elle les répartisse sagement, prenne ici et donne là. Les fleurs ne sont plus solitaires; la prairie est devenue par elle une société où tous s'entendent et tous s'aiment, initiés à l'hymen par leur petit pontife allié.

C'est un devoir non moins grave pour l'abeille de se lever de bonne heure et d'assister au moment où la fleur qui sommeillait sous la rosée pénétrante (dégagée par son divin maître, père et amant, le soleil), s'éveille, revient à elle-même. Frappée du rayon sympathique, elle n'y résiste pas; elle laisse aller, attendrie, tout ce qu'elle a de meilleur; elle est comme une petite source où le miel vient goutte à goutte. Prenez-le, il en revient. A point se trouve alors l'abeille; son œuvre est ici presque faite : le doux trésor, bien préparé dans cette heure de perfection, lui coûtera peu de travail. Elle l'apporte à ses enfants : « Mangez, c'est l'âme des fleurs. »

A midi, dans la chaleur, restera-t-elle inactive ? Le hâle et la sécheresse ont tari les fleurs de la plaine. Mais celles des bois, abritées par de fraîches ombres, ont la coupe pleine ; celles des ruisseaux murmurants, des muets et profonds marais, sont alors en pleine vie. Le *Pensez à moi* rêve et pleure de petites larmes de miel. Le blanc nénuphar lui-même, de sa pâle virginité, donne un doux trésor d'amour.

« Le chaud ne nuit pas à l'abeille, mais le froid extrêmement. Elle est si consciencieuse que, pour ne pas perdre un jour de travail dans nos courts étés, elle n'a pas assez égard aux brusques retours d'hiver, aux aigres caprices de bise, qui nous viennent parfois dans les plus beaux jours. Des insectes moins intelligents, mais aussi moins laborieux, savent parfaitement s'y soustraire. Dans leur prudence paresseuse, ils se disent : « A demain !... « Chômons. » Et ils attendent patiemment un jour, deux jours ou davantage, que ce méchant vent du nord ait calmé sa mauvaise humeur. Mais ceux qui ont charge d'âmes, une grosse famille à nourrir, ceux qui savent qu'un hiver doux peut venir qui tienne ce peuple éveillé (donc affamé), ceux-là, dis-je, se feraient scrupule de prendre un seul jour de repos.

« Aussi, par des matins très-froids d'un juin qui valait un mars, elles n'hésitaient pas à se mettre intrépidement en campagne. Mais elles sont plus vaillantes que robustes ; le froid les prenait, et je les voyais languissantes et comme paralysées, qui se traînaient à mes fenêtres. Elles n'essayaient pas de fuir et se laissaient prendre. Elles étaient à l'état sacré, je veux dire portant les signes de leur courageux et infatigable travail, imprégnées de poussière de fleurs, et leurs petites corbeilles chargées, surchargées de pollen. Elles avaient l'air de dire :

« Nous ne sommes point des fainéantes. Loin de là,
« aux froides heures du matin, où plus d'une som-
« meille, nous avions déjà journée faite. Mais,
« hélas ! les temps sont si durs, et si pénétrante est
« la bise ! Nous voilà transies. Un moment, je vous
« prie, d'hospitalité. »

« Qui ne respecterait l'infortune de ces irréprochables et trop ardentes ouvrières? Je leur prêtais non-seulement un toit, la tiédeur d'un appartement fermé au vent, ouvert au soleil ; mais, je leur improvisais un repas d'amie, sans façon. Où ? au fond d'un sucrier.

« La frileuse, ayant ravivé à un beau et chaud rayon sa chaleur perdue, et remis en bon état tout ce petit monde électrique de poils dont elle est hérissée, commençait à s'informer de sa prison mo-

mentanée et trouvait avec une surprise agréable
que ce cristal était une salle à manger. De bon appétit, se mettant à table, elle attaquait un morceau
de sucre, et de sa trompe en suçait tout ce qu'elle
en pouvait prendre. Le repas fini, quand l'abeille,
tout à fait ressuscitée, remuait, allait, venait, de-
mandait la porte, sans lui faire perdre un moment
d'une journée déjà avancée, je l'élargissais.... D'un
plein vol, charmée d'un soleil meilleur, elle retour-
nait à ses affaires, bourdonnant très-distinctement :
Adieu, madame, et grand merci. »

XXV

LES ABEILLES ARCHITECTES

LA CITÉ

XXV

LES ABEILLES ARCHITECTES.

LA CITÉ.

Si le guêpier tenait de Sparte, la ruche est, dans le monde insecte, la véritable Athènes. Ici, tout est art. Le peuple, l'élite artiste du peuple, crée incessamment deux choses : d'une part la Cité, la patrie ; de l'autre la Mère universelle qui doit non-seulement perpétuer le peuple, mais de plus être son idole, son fétiche, le dieu vivant de la Cité.

Ce qui est commun aux abeilles avec les guêpes, les fourmis, tous les insectes sociables, c'est la vie désintéressée des tantes et sœurs, vierges laborieuses qui se dévouent tout entières à une maternité d'adoption.

Et ce qui sépare l'abeille de ces peuples analogues, c'est qu'elle a besoin de se faire une idole nationale dont l'amour l'invite au travail.

Tout cela a été longtemps méconnu. On croyait d'abord que cet État était une monarchie, *qu'il avait un roi*. Point du tout ; ce roi est une femelle. Alors, on s'est rabattu à dire : *Cette femelle est une reine*. Erreur encore. Non-seulement elle ne règne pas, ne gouverne pas, ne dirige rien, mais elle est gouvernée en certaines choses, parfois mise en charte privée. C'est plus et moins qu'une reine. C'est un objet d'adoration publique et légale ; je dis légale et constitutionnelle, car cette adoration n'est pas tellement aveugle qu'en tels cas l'idole ne soit, comme on verra, traitée très-sévèrement.

« Donc, ce gouvernement serait au fond démocratique ? » Oui, si l'on considère l'unanime dévouement du peuple, le travail spontané de tous. Nul ne commande. Mais, au fond, on voit bien que ce qui domine en toute chose élevée, c'est une élite intelligente, une aristocratie d'artistes. La Cité n'est point bâtie ni organisée par tout le peuple, mais par une classe spéciale, une espèce de corporation. Tandis que la grande foule des abeilles va chercher aux champs la nourriture commune, certaines abeilles plus grosses, les cirières, élaborent la cire, la préparent, la taillent, l'emploient habilement. Comme les francs-maçons du moyen âge, cette respectable corporation d'architectes travaille et bâtit sur les principes d'une profonde géométrie. Ce sont, comme ceux de nos vieux temps, *les maîtres des pierres vives*. Mais combien ces dignes abeilles méritent mieux encore ce nom! Les matériaux qu'elles emploient ont passé par elles, ont été élaborés par leur action vitale, vivifiés de leurs sucs intérieurs.

Ni le miel, ni la cire ne sont des substances végétales. Ces petites abeilles légères qui vont chercher le suc des fleurs, le rapportent déjà changé, enrichi de leur vie virginale. Doux et pur, il passe de leur bouche à la bouche de leurs grandes sœurs. Celles-ci, les graves cirières, ayant reçu cet aliment vivifié et doté de la charmante douceur qui est comme l'âme du peuple, elles l'élaborent à leur tour, l'affermissent de leur vie propre, qui est la solidité. Sages et sédentaires, du liquide elles font un miel sédentaire, un miel à la seconde puissance : j'allais dire, un miel réfléchi. Ce n'est pas tout, cette substance deux fois élaborée et deux fois dotée de suc animal, elles ne l'emploieront encore qu'en l'humectant incessamment de leur salive, qui la

rend plus molle pendant le travail et plus résistante
après.

Avais-je tort tout à l'heure de dire que cette
construction est vraiment celle *des pierres vives?*
Pas un atome de ces matériaux qui ne passe trois
fois par la vie, et ne s'en imprègne trois fois. Qui
dira dans cette ruche, si c'est la fleur qui a fourni
le plus, ou si c'est l'abeille? Celle-ci y est pour une
grande part. Ici, la maison du peuple, c'est la substance du peuple et son âme visible; il a tiré de lui
sa propre cité, et il est sa cité même. Abeilles et
ruche, même chose.

Mais observons-les au travail.

Seule, au centre de la ruche encore vide et à créer,
la docte cirière s'avance. Sous ses anneaux elle prend
délicatement une plaque de cire que ses mains portent à sa bouche. La plaque est broyée de ses dents,
et, comme ses dents sont des filières, la cire en sort
sous forme de ruban. Huit plaques sont ainsi four-
nies, travaillées et imbibées ; huit petits blocs en ré-
sultent qu'elle pose comme premiers jalons de la construction première, comme assises mères de la Cité.

D'autres continuent sans s'écarter de ce qu'a commencé la première. Si quelque novice intelligente
ne suit pas le plan adopté, les maîtresses abeilles,
savantes et expérimentées, sont là pour saisir le défaut et y porter remède (Huber).

Dans le bloc total, bien posé, aligné, où plusieurs ont harmoniquement déposé leur tribut de cire, il faut maintenant creuser, donner une forme. Une encore, une seule, se détache des autres, et de sa langue cornée, de ses dents, de ses pattes, dans cette matière assez ferme, elle parvient à faire une cavité, comme une voûte renversée. Fatiguée, elle se retire; d'autres arrivent pour modeler. A deux, elles amincissent et affinent les murs. Le seul point à observer, c'est de ménager toujours habilement l'épaisseur. Mais comment l'apprécient-elles? qui les avertit de l'instant où un coup de trop ferait une ouverture dans la cloison? Jamais cependant elles ne prennent la peine de faire le tour et d'aller observer l'autre côté. Les yeux leur sont inutiles; elles jugent de tout par leurs antennes qui sont leurs sondes et leurs compas. Elles palpent, et, par un tact infiniment délicat, elles sentent à l'élasticité de la cire, ou au son qu'elle rend, s'il y a sûreté à creuser, ou s'il faut s'en tenir là et ne pas aller plus avant.

La construction, comme on sait, est à deux fins. Les alvéoles sont généralement l'été des berceaux, l'hiver des réservoirs de pollen et de miel, un grenier d'abondance pour la république. Chacun de ces vases est clos et scellé de son couvercle de cire. Clôture religieusement respectée de tout le peuple, qui ne prend pour sa subsistance qu'à un seul rayon ouvert. Ce rayon fini, on passe à un autre, mais toujours avec grande réserve et grande sobriété.

On a dit et répété que la construction était absolument uniforme. Buffon va jusqu'à prétendre que l'alvéole n'est que la forme même de l'abeille qui s'établit dans la cire, et qui, du frottement de son corps, par une manœuvre aveugle, obtient une empreinte, un creux, un alvéole identique. Vaine hypothèse, que la moindre réflexion ferait juger improbable, quand même l'observation ne la démentirait pas.

En réalité, leur travail est extrêmement varié, incidenté de diverses manières.

Premièrement, les rayons sont percés au centre de corridors ou petits tunnels qui dispensent de tourner autour des deux surfaces. Économes en toute chose, elles sont avares de temps.

Deuxièmement, la forme des alvéoles n'est nullement identique. Elles préfèrent l'hexagone, la forme précisément la meilleure pour donner le plus d'alvéoles dans le plus petit espace. Mais elles ne sont nullement esclaves de cette forme. Le premier rayon qu'elles collent au bois n'y tiendrait que faiblement et seulement par les saillies, s'il se composait d'alvéoles à six pans. Elles le font à cinq seulement, le composent d'alvéoles *pentagones* pour ménager de larges bases qui s'attachent au bois solidement sur une ligne continue. Le tout agglutiné, scellé, non pas avec de la cire, mais avec leur gomme (ou propolis), qui, en séchant, devient dure comme du fer.

Les grandes cellules royales ou berceaux des Mères futures, qu'on voit au côté des rayons, *ne sont point à six pans*, mais dans une forme d'œuf oblong, ce qui donne à ces favorites une aisance considérable et une grande facilité de développement.

Enfin, dans le commun même des alvéoles hexagones, analogues au premier coup d'œil, avec un peu d'attention, on voit de graves différences. Elles sont petites pour les ouvrières glaneuses, plus grandes pour les artistes cirières, grosses et larges pour les mâles. Cette largeur s'obtient au moyen d'une petite pièce arrondie que l'on met dans le fond, et qui le rend un peu circulaire, j'allais dire ventru. Telle maison, tel habitant; le mâle naîtra trapu, ventru, prédestiné qu'il fut à cette forme par celle de son berceau.

Ainsi, elles varient d'elles-mêmes le dessin et l'étendue des cellules. Elles les varient plus encore, selon les obstacles qu'on leur oppose. Si on leur refuse la place, elles réduisent leurs hexagones proportionnellement avec une adresse extrême.

C'est ce qu'Huber vérifia par d'ingénieuses expériences. Il imagina de les contrarier en posant, au lieu de bois, une plaque de verre à l'un des murs de la ruche où elles attachent leurs rayons. Elles virent de loin ce verre glissant où rien n'eût pu se fixer, et, prenant dès lors leurs mesures, elles coudèrent leur gâteau de façon qu'il évitât le verre et allât rejoindre le bois. Mais, pour couder ces rayons, il fallait changer le diamètre des cellules, rendre plus grand celui de la partie convexe, plus petit celui de la partie concave. Délicat problème qui fut résolu sans difficulté par ces habiles architectes.

En plein hiver, dit-il encore, dans leur saison d'inertie, un gâteau trop lourd croula, fut arrêté au passage par les gâteaux du dessous. L'éboulement était imminent. Elles inventèrent des renforts, des cordons en fort mastic qui, tenant au gâteau tombé et aux parois de la ruche, empêchèrent cette ruine dangereuse d'entraîner l'édifice inférieur. Puis, pour prévenir des malheurs semblables, elles créèrent des pièces nouvelles, inusitées, d'architecture, arcs-boutants, contre-forts, piliers, solives, etc.

Nouvelles et inusitées! Ceci réfutait assez la théorie de Buffon. Que des machines innovassent, que des automates inventassent! chose difficile à expliquer. Cependant l'autorité souveraine de ce grand dictateur de l'histoire naturelle aurait prévalu peut-être sur les faits, sur l'observation, si, vers la fin du dernier siècle, les abeilles elles-mêmes, par un coup imprévu, n'avaient définitivement tranché la question.

C'était vers le temps de la Révolution américaine, peu avant la Révolution française. On vit apparaître et se répandre un être inconnu à notre Europe, d'une figure effrayante, un grand et fort papillon de nuit, marqué assez nettement en gris fauve d'une vilaine tête de mort. Cet être sinistre, qu'on n'avait vu jamais, alarma les campagnes et parut l'augure des plus grands malheurs. En réalité, ceux qui s'en effrayaient l'avaient apporté eux-mêmes. Il était venu en chenille avec sa plante natale, la pomme de terre américaine, le végétal à la mode que Parmentier préconisait, que Louis XVI protégeait, et qu'on répandait partout. Les savants le baptisèrent d'un nom peu rassurant : le Sphinx Atropos.

Cet animal était terrible, en effet, mais pour le miel. Il en était fort glouton, et capable de tout pour y arriver. Une ruche de trente mille abeilles ne l'effrayait pas. En pleine nuit, le monstre avide, profitant de l'heure où les abords de la Cité sont moins gardés, avec un petit bruit lugubre, étouffé, comme étoupé par le duvet mou qui le couvre (comme toutes les bêtes de nuit), envahissait la ruche, allait aux rayons, se gorgeait, pillait, gâchait, bouleversait les magasins et les enfants. On avait beau s'éveiller, se rassembler, s'ameuter, l'aiguillon ne perçait pas l'espèce de couverture, de matelas mou et élastique, dont il est garni partout, comme ces armures de coton que portaient les Mexicains du temps de Cortès, et qu'aucune arme espagnole ne pouvait percer.

Huber avisait aux moyens de protéger ses abeilles contre ce pillard effronté. Ferait-il des grilles, des portes? et comment? c'était son doute. Les clôtures les mieux imaginées avaient toujours l'inconvénient de gêner le grand mouvement d'entrée, de sortie, qui se fait au seuil de la ruche. Leur impatience leur rendrait intolérables ces barrières où elles pourraient s'embarrasser et briser leurs ailes.

Un matin, l'aide fidèle qui le secondait dans ses expériences lui apprit que les abeilles avaient déjà elles-mêmes résolu le problème. Elles avaient, en diverses ruches, imaginé, essayé des systèmes divers de défense et de fortifications. Tantôt elles construisaient un mur de cire, avec d'étroites fenêtres, où le *gros* ennemi ne pouvait passer. Tantôt, par une invention plus ingénieuse, sans boucher rien, elles plaçaient aux portes des arcades entrecroisées, ou de petites cloisons les unes derrière les autres, mais qui se contrariaient, c'est-à-dire qu'au vide laissé par les premières, répondait le plein des secondes. Ainsi nombre d'ouvertures pour la foule impatiente des abeilles qui pouvaient, comme à l'ordinaire, entrer, sortir, sans autres obstacles que d'aller un peu en zigzag. Mais clôture, absolue clôture, pour le grand et *gros* ennemi qui ne pouvait plus entrer avec ses ailes déployées, ni même glisser sans froissement par ces corridors étroits.

Ce fut le coup d'État des bêtes, la révolution des insectes, exécuté par les abeilles, non-seulement contre ceux qui les volaient, mais contre ceux qui niaient leur intelligence. Les théoriciens qui la leur refusaient, les Malebranche et les Buffon, durent se tenir pour battus. L'on dut revenir à la réserve des grands observateurs, des Swammerdam, des Réaumur, qui, loin de contester le génie des insectes, nous donnent nombre de faits pour prouver qu'il est flexible, qu'il peut grandir par les dangers, les obstacles, quitter les routines, faire des progrès inattendus dans certaines circonstances.

XXVI

COMMENT LES ABEILLES CRÉENT LE PEUPLE

ET LA MÈRE COMMUNE

XXVI

COMMENT LES ABEILLES CRÉENT LE PEUPLE

ET LA MÈRE COMMUNE.

Tout, dans la vie des abeilles, est combiné pour l'enfant. Voyons donc cet objet d'amour. Voyons ce que sera au fond de l'alvéole, qui vient d'être édifié, la petite vierge du travail.

D'abord elle naît très-pure, à ce point qu'elle n'a pas même l'organe des nécessités inférieures. Sur une fine bouillie de miel et de poussière de fleurs, qu'on lui renouvelle, vous ne voyez d'abord qu'une virgule, puis un C, une spirale. Mais déjà elle vit, elle est organisée, active, si bien qu'au huitième jour, fileuse habile, elle tisse son filet de métamorphose. Ses nourrices, pour qu'elle ait un parfait repos au moment sacré, ont l'attention de fermer sa cellule; elles y posent un petit dôme, de couleur fauve et veloutée. Elle est nymphe dix jours, enveloppée d'un voile d'une extrême blancheur, très-fin, qui vous laisse voir une miniature de mouche, yeux, ailes et pattes. Vingt et un jours suffisent à son développement. Elle entame alors le petit dôme, le pousse de sa tête; puis, de ses premières pattes posées au bord, elle tire avec force pour dégager le tout. Grand effort. Mais le miel est là pour la refaire; à la première cellule, elle y plonge sa trompe, s'initie elle-même à la vie.

Elle est humide encore, grise et très-faible. Elle va se sécher au soleil, durcir ses ailes plissées et molles. Là, elle est accueillie de ses nombreuses tantes, qui l'essuient et la lèchent amoureusement, lui donnent le baiser maternel.

Nul être n'est mieux ustensilé ni plus manifestement appelé à une spécialité d'industrie. Chaque organe lui dit sa leçon et ce qu'elle a à faire. Éclairée de cinq yeux et dirigée par deux antennes, elle porte en avant, au dehors de sa bouche, un unique et merveilleux instrument de dégustation, la trompe, longue langue extérieure, délicate et demi-velue pour mieux s'imprégner et s'imbiber. Protégée, au repos, d'un bel étui d'écaille, la trompe tire sa fine pointe pour toucher un liquide, et cette pointe mouillée, elle la ramène au fond de sa bouche où réside la langue intérieure, juge intime de la sensation, et qui en décide en dernier ressort.

A cet appareil délicat, joignez des attributs plus rudes qui accusent sa vocation : des poils de tous côtés pour s'empreindre des poussières des fleurs, des brosses aux jambes pour concentrer cette récolte, des corbeilles pour la serrer en pelotes de toutes couleurs. Tout cela mis ensemble, c'est l'insigne du métier.... Va, ma fille, et sois moissonneuse.

Tu n'auras nul autre désir et tu ne voudras rien de plus. Les vierges fées qui ont préparé ton berceau et t'alimentent par jour, te font ce qu'elles furent. Sobres, laborieuses et stériles, elles épargnent sur elles-mêmes ; elles maintiennent en elles et en toi la virginité par le jeûne, du moins la faible nourriture, tandis qu'elles traitent splendidement la Mère future, encore enfant, et sont même très-larges pour la tribu nombreuses des mâles, la plupart inutiles.

C'est ici que l'on touche le fond de la Cité, l'aristocratie du dévouement et de l'intelligence. Les cirières, ou abeilles architectes, si elles consultaient la Mère vivante, ne lui prépareraient jamais une héritière. Elle est aveuglément jalouse, et ne demande qu'à la tuer, dès qu'elle naîtra. On ne l'écoute point. Ces sages et fortes têtes, songeant que nous mourons tous, avisent à la perpétuer. Donc, à côté des alvéoles, ou petits berceaux resserrés qui reçoivent tous les enfants de la république, elles bâtissent de très-larges loges, quinze fois, vingt fois plus amples, où l'œuf ordinaire qu'on y met, favorisé par l'aisance et la liberté, pourra grossir et grandir, développer à plaisir toutes ses facultés naturelles. Pour mieux assurer la croissance supérieure de l'œuf élu, on lui prodigue une nourriture plus forte, plus généreuse, qui donnera l'essor à son sexe et le douera de fécondité. Telle est l'efficacité de cette puissante liqueur, que si les nourrices en laissent par mégarde tomber des gouttes sur les berceaux voisins, les petites abeilles, heureuses de ce hasard, participent à la fécondité, quoique à un degré inférieur.

J'ai fait des rois, madame, et n'ai pas voulu l'être.

Ces vers de la tragédie caractérise parfaitement le désintéressement de ces sages nourrices. Elles donnent à la favorite tous les dons de ce monde, un beau et ample local, une nourriture supérieure, et ce paradis des femelles, la maternité! Aux autres, au contraire, à leurs sœurs, qui naîtront semblables à elles, les·berceaux serrés, les aliments grossiers, le travail incessant, la peine. Les unes iront aux champs, sueront pour le peuple et la Mère ; les autres, enfermées au logis, bâtiront incessamment, soigneront la progéniture. Nulle récréation ; je ne vois pas qu'elles aient, comme les fourmis, de fêtes, ni de jeux gymnastiques. Toute leur fête sera le travail (dont cette Mère est dispensée). A une seule, elles donnent l'amour, et ne gardent que la sagesse.

L'attribut caractéristique de cet enfant de la Grâce, dont tout le peuple est amoureux, est spécialement d'avoir de belles longues pattes d'or, ou plutôt d'ambre transparent, d'un jaune doré. Cette riche couleur ennoblit son ventre, et se retrouve encore au bord de ses anneaux dorsaux. Élégante, svelte et noble, elle est dispensée de traîner l'appareil industriel qui surcharge l'ouvrière, les brosses et les corbeilles. Comme toute abeille, elle porte l'épée, je veux dire l'aiguillon, mais ne le fait sortir guère (sauf un duel personnel) ; elle en a peu d'occasions, étant entourée, obsédée, accablée plutôt d'un excès d'amour.

Cette Mère est fort timide ; un rien suffit pour l'effrayer ; au moindre danger, elle fuit et se cache au fond de la ruche. Sa tête n'est pas bien grosse, et son unique fonction qui la spécialise tellement, n'est pas de celles qui peuvent élargir beaucoup le cerveau. Les autres ont plus d'occasion d'acquérir des connaissances et de varier leurs aptitudes. Les petites moissonneuses prennent une grande expérience de la campagne et de la vie. Les abeilles architectes qui, de plus, règlent mille affaires imprévues de l'intérieur, sont bien obligées de songer et de développer leur intelligence. La Mère n'a que deux choses à faire.

Par un beau jour de printemps, au soleil, vers les trois heures de l'après-midi, elle sort, et sur un millier, ou davantage, de mâles, elle se choisit un époux, l'enlève un moment sur ses ailes, puis le rejette mutilé ; il ne survit pas au bonheur. Elle rentre, et tout est fini. Elle est fécondée pour quatre ans, le terme ordinaire de sa vie. Point d'amours plus courtes et plus chastes. Tout son travail, de jour, de nuit, sans distinction de saison, sauf trois mois d'engourdissement dans les hivers rigoureux, est de pondre partout, sans cesse. Elle va de cellule en cellule, et dans chacune laisse un œuf. C'est tout ce qu'on lui demande. Elle était née pour cela, et précisément en proportion de sa fécondité. Si elle devenait stérile, tout languirait, et l'activité, et le travail, et l'amour qu'on a pour elle. Le sentiment qu'on lui témoigne n'est pas tellement personnel que l'idée de l'utilité, de la conservation et de la perpétuité du peuple n'y domine très-visiblement.

Cette Mère, disent nos auteurs, a la tête un peu *légère*. Comme tous ceux qui n'ont rien à faire, elle est capricieuse, volage. Au bout d'une année de ponte et de vie sédentaire au fond de la ruche, il lui prend envie du grand air, d'aller voir un peu le monde, de visiter de nouveaux pays. Elle a cependant un motif plus sérieux qu'ils ne disent. Elle voit ces vastes loges où l'on élève de jeunes Mères qui pourront la remplacer. Elle sent là ces rivales, et elle en est fort jalouse. Sans cesse, elle rôde autour, et, sans la garde assidue qui les protége et l'en éloigne, à travers les minces parois, elle darderait son aiguillon. Qu'est-ce donc quand les jeunes captives, ignorantes de sa fureur et de leur danger, font des efforts imprudents pour s'élargir de leurs berceaux, bruissent, se mettent à faire entendre le petit chant de cigale, qui est propre aux Mères des abeilles, et qui dit si clairement à l'ancienne que les prétendantes sont là?... La prévoyance des abeilles qui, à tout événement, ont fait éclore ainsi ces jeunes Mères, les met alors dans l'embarras. Un affreux duel est possible, un massacre des innocents; l'ancienne, si on la laissait faire, n'épargnerait pas une de ces odieuses femelles. Mieux vaut le divorce que la guerre civile. L'ancienne, agitée, effarée, court partout, et paraît dire : « Eh bien ! qui m'aime me suive ! » Elle entonne un chant de départ. Tout travail est suspendu.

Déterminées à la suivre, nombre d'abeilles se mettent en devoir de se préparer ; elles mangent pour plusieurs jours. L'agitation excessive se trahit par un changement subit de température ; de 28 degrés la chaleur de la ruche monte jusqu'à 30 ou 32. Chose intolérable pour elles ; c'est un trait particulier de leur organisation de transpirer aisément. Dans cette chaleur élevée, elles sont toutes trempées de sueur. Donc, il faut partir ou mourir. La Mère sort, on se précipite. Elles tourbillonnent un moment sur la patrie abandonnée, s'élancent un peu plus loin, en décrivant dans l'air des entre-croisements bizarres, incroyables. L'air en est comme obscurci. Quelques-unes enfin se fixent sur la branche d'un arbre voisin, puis beaucoup d'autres avec la reine. Elles s'accrochent les unes aux autres et pendent en une grosse grappe. Le calme se rétablit. Les autres cités d'abeilles qui avaient pris l'alarme, craignant l'invasion de ces fugitives, qui gardaient leurs portes, centuplaient leurs postes ordinaires, respirent, les voyant fixées, et retournent à leurs travaux.

Cependant des messagers prudents et fidèles se sont détachés de la grappe, et vont vérifier tout

autour quelles sont les localités qui favoriseraient
un nouvel établissement. M. Debeauvoys a observé
le premier cette prévoyance, et cet envoi spécial de
maréchaux des logis qui doivent instruire et diriger la colonie nouvelle. Un arbre creux, un rocher
cave, protégés du vent du nord, la proximité d'un
ruisseau où l'on puisse commodément boire, c'est
ce qui décide le plus nos sages émigrantes. Une
ruche toute préparée et déjà garnie de miel ne leur
est pas indifférente. Elles sont fort positives, guidées
par un sens excellent.

Est-ce à dire qu'on ait quitté sans regret ce lieu
natal où l'on a si bien travaillé? et que, parti une
fois, on ne s'en souvienne? Nullement. La Mère
surtout, *tête légère*, a des caprices de retour, et
deux fois, trois fois (on l'a vu) elle peut s'obsti-
ner à revenir, ramenant avec elle la colonie trop
dévouée.

Que serait-ce si, dans ses retours, elle se retrouvait
tête à tête avec la Mère nouvelle que le peuple non
émigrant a dû lui substituer? Il y aurait un duel.
Et il arrive de même, sans émigration, quand,
malgré toute l'attention qu'on a de l'en empêcher,
une jeune Mère a percé sa loge et vient présenter à
l'ancienne l'objet détesté de sa jalousie. Le combat
est infaillible. Cependant, comme chacune sait
l'autre armée d'un dard mortel, leur poltronnerie

naturelle pourrait modérer leur fureur et borner la lutte à quelques secousses innocentes, à une vaine prise de corps, comme un pugilat d'athlètes payés. Mais le peuple qui fait cercle et les regarde de près, ce peuple est très-sérieux; il entend que l'affaire soit telle. La division dans la Cité serait le dernier des maux. Elles sont aussi si économes, sobres pour elles-mêmes, pour autrui parcimonieuses, qu'elles tiennent compte, j'en suis sûr, de l'énormité de la dépense, s'il y avait deux Mères à entretenir. Chacune d'elles, royalement nourries comme elles sont, grève assez la république. L'État serait ruiné, s'il payait double budget. Donc, il faut qu'une des deux meure. Et l'on voit ce spectacle étrange qui caractérise à fond l'esprit singulier de ce peuple, que cet objet d'adoration, naguère gorgé, brossé, léché, s'il recule, on le ramène au combat, on l'y pousse, jusqu'à ce que l'une des deux étant parvenue à sauter sur l'autre, de son abdomen recourbé et ramené sous l'ennemie, lui plonge au fond des entrailles l'irrémissible poignard.

L'unité est ainsi gagnée. La survivante qui, vaincue, eût été jetée sans regret, victorieuse devient l'idole, le dieu vivant de la cité; mais, qu'elle y songe, à cette expresse condition de perpétuer le peuple et de rester toujours féconde.

Posons le cas déplorable où toute Mère aurait

péri. Qu'arriverait-il de ce monde orphelin? tomberait-il, comme on l'a dit, en démoralisation complète? Ce malheur entraînerait-il une furieuse anarchie, un pillage universel de la Cité par elle-même? Nullement, dit M. Debeauvoys. Il y a quelques heures de trouble, de douleur et de colère, d'apparent délire. On va, on vient, on s'agite, on suspend le travail : on néglige même un moment les nourrissons. Mais ce peuple, essentiellement sérieux, revient à sa dignité, se ressouvient de lui-même. La Mère est morte? vive la Mère! nous saurons en refaire une autre. Ce que nous fûmes hier, nous le sommes encore aujourd'hui.

La dernière sera la première. C'est la plus jeune enfant du peuple, qui à peine a ouvert sa coque, qui n'a pas eu le temps de subir le serrement d'un étroit berceau, qui n'a pas encore maigri au maigre aliment de l'ouvrière. Cet aliment n'est pas le miel, c'est la simple poussière des fleurs qu'on nomme *le pain des abeilles*. Celles qui ont déjà vécu au pain sec resteront petites; elles n'ont plus la faculté de transformation.

Mais celle-ci, si molle et si tendre, deviendra ce qu'on voudra. Pour qu'elle soit une vraie femelle, une abeille d'amour, et féconde, que faut-il? la liberté. Qu'on lui fasse un vaste berceau où sa jeune vie flotte, s'agite et végète à l'aise. Il en coûtera trois berceaux qu'on détruit au profit du sien, trois enfants qui ne naîtront point. Qu'importe, si celle-ci dans un an vous en fait dix mille?

Son sacre, à la Mère du peuple, c'est cette nourriture vivante que le peuple tire de lui-même et où il ajoute sa douceur d'abeille à l'esprit embaumé des fleurs. Haute et forte nourriture, riche du parfum enivrant des herbes aromatiques, plus riche du virginal amour que trente mille sœurs ont mis là pour le merveilleux enfant qui leur appartient à toutes.

Au troisième jour, l'enfant voit son berceau étendu d'un ornement combiné pour la rendre plus libre encore, une pyramide renversée. Au cinquième seulement on y met le sceau, pour qu'elle y dorme paisible, et tranquillement accomplisse sa métamorphose. Dès lors, plus d'inquiétude. On garde la chère endormie qui sera demain l'âme commune et donnera par l'amour l'élan au travail du peuple. Il la garde et il la sert, mais avec la fierté digne d'un peuple qui n'adore que son œuvre, élue de lui, nourrie de lui, faite par lui, pouvant se défaire. C'est son orgueil que de savoir au besoin se créer son Dieu.

CONCLUSION

CONCLUSION.

L'abeille et la fourmi nous donnent la haute harmonie de l'insecte.

Toutes deux, hautement intelligentes, sont élevées comme artistes, architectes, etc. L'abeille, de plus, géomètre. La fourmi, remarquable surtout comme éducatrice.

La fourmi est franchement, fortement républicaine, n'ayant nul besoin d'un symbole visible et vivant de la Cité, estimant peu, gouvernant assez rudement les femelles faibles et molles qui perpétuent le peuple. L'abeille, au contraire, plus tendre, ce semble, ou moins raisonneuse et plus imaginative, trouve un soutien moral dans le culte de la

Mère commune. C'est, pour ces cités de vierges, comme une religion d'amour.

Chez les fourmis, chez les abeilles, la maternité est le principe social ; mais la fraternité y prend racine, y fleurit, s'élève très-haut.

Ce livre, commencé en si grande obscurité, se termine en grande lumière.

Pour bien juger les insectes, regardez, appréciez leurs travaux, leurs sociétés. Si leur organisation se classe aussi bas qu'on le dit, ils sont d'autant plus admirables d'accomplir des œuvres si hautes avec des organes tellement inférieurs.

Notez que les travaux souvent les plus avancés sont exécutés par ceux (tels que les fourmis par exemple) qui n'ont point d'outils spéciaux qui les facilitent, mais doivent y suppléer par l'adresse et l'invention.

Si ces artistes n'étaient si petits, quelle considération on aurait pour leurs arts et leurs travaux ? Quand

on comparerait les cités des termites aux cabanes
du nègre, les travaux souterrains des fourmis aux
petites excavations de nos Tourangeaux de la Loire,
combien on ferait ressortir les arts supérieurs des
insectes ! C'est donc la grosseur qui change vos jugements moraux ? Quelle taille faut-il avoir pour
mériter votre estime ?

Du reste, si ce livre ne modifie pas l'opinion du
lecteur, il a fort modifié la nôtre. Elle a changé
considérablement dans le cours de ce travail. Nous
crûmes étudier des choses, et nous trouvâmes des
âmes.

L'observation quotidienne, familière, nous ini-
tiant à leur vie, développa en nous un sentiment qui animait notre étude, mais la compli-
quait aussi : le respect de leurs personnes et de
leurs vies.

« Quoi donc? une vie d'insecte ? une existence de
fourmi? La nature en fait bon marché, les re-

nouvelle sans cesse, prodigue les êtres, les sacrifie les uns aux autres.... »

Oui, mais c'est qu'elle les fait. Elle donne et retire la vie, elle a le secret de leurs destinées, celui des compensations dans la suite du progrès possible. Nous, nous ne pouvons rien sur eux, sinon de les faire souffrir.

Cela est grave. Ce n'est pas là une sensibilité d'enfant. Au contraire, ni les enfants, ni les savants n'y prendront garde. Mais un homme, l'homme habitué à compter avec lui-même et à estimer ses actes, n'ôtera pas légèrement à un être ce don de la vie, qu'il est tellement au-dessus de nous de pouvoir donner aux moindres.

Cette pensée prit force en nous. Et d'abord une personne plus impressionnable que moi et plus scrupuleuse, qui était venue ici avec le projet de faire la petite entomologie des insectes de Fontainebleau, hésita, ajourna, puis, sa conscience interrogée, crut devoir y renoncer. Sans condamner aucunement les collections scientifiques, tout à fait indispensables, il est sûr qu'il ne faut pas faire de la mort un amusement. Notez que beaucoup de ces êtres sont beaucoup moins importants par la forme et la couleur que par l'attitude et le mouvement, qui ne se conservent pas au bout d'une épingle.

Notre première délibération en ce genre eut lieu

sur le sort d'un fort remarquable papillon (un sphinx, si je ne me trompe) que nous prîmes au filet pour l'examiner un moment. Je l'admirais depuis plusieurs jours, allant, venant sur les fleurs, non pas, comme la plupart, voletant à l'étourdie, mais les choisissant de haut, puis avec une très-fine trompe, très-longue, et dardée de loin, il suçait à petits coups, et se retirait très-vite, comme il eût fait ramené d'un ressort d'acier. Mouvement de grâce incomparable, d'une sobriété coquette, qui semblait toujours dire : « Assez.... Pour ce jour, assez.... A demain ! » — Je n'ai rien vu de plus joli.

Ce n'est qu'un papillon gris, et point du tout remarquable. Qui devinerait, à le voir mort, qu'il est, en prestesse charmante, le favori de la nature où sa grâce s'est épuisée?

Nous ouvrîmes le filet. Et nous eûmes, quelques jours après, le plaisir de revoir le même papillon, qui, dans un mauvais temps, vint le soir prendre abri chez nous, et se posa dans la chambre. Au matin, il voulut jouir du soleil et s'envola.

Je dois dire, au reste, que tous les naufragés de l'arrière-saison, avertis par un instinct très-sûr, mais bien surprenant, venaient volontiers, quelques-uns temporairement, tels pour rester avec nous. Un jeune bouvreuil, en mauvais état et qui visiblement avait eu plus d'une aventure, arriva tout effaré, et dès le premier jour, mangea dans la main. C''est ce qui était arrivé à une créature plus misérable encore, un tout.petit rouge-queue, à qui on avait barbarement arraché l'aigrette pour le vendre comme rossignol. Cet être, si maltraité des hommes et qui devait en avoir peur, se trompa si peu, que non-seulement il prit tout d'abord la graine à la main, aux lèvres, mais ne voulut plus dormir que sur le doigt de sa maîtresse.

Quant aux insectes, la domestication en est impossible. Mais plusieurs semblent pourtant pouvoir vivre avec l'homme, apprécier les gens paisibles et la douceur du caractère. L'hiver dernier, deux jolies coccinelles rouges avaient élu domicile sur notre table, parmi nos papiers et nos livres, remués constamment. On ne savait que leur donner. Elles passèrent toute la saison sans manger et paraissant né pas s'en porter plus mal. La chaleur de l'appartement semblait leur être agréable.

Voici le grand vent de septembre, qui, hier même, jette chez nous une fort belle chenille rousse. Quoiqu'elle ne fût pas arrivée librement, mais poussée malgré elle, nous crûmes devoir respecter le naufrage. Nous ignorions de quelle plante elle venait, mais nous supposions par ses allures qu'elle en avait été enlevée au moment où elle allait filer. On lui présenta diverses feuilles, mais pas une ne lui plaisait. Elle allait, venait, témoignant d'une agitation extraordinaire. On supposa qu'elle voulait se suspendre à une branche, mais la pluie tombait par torrents. Ce qui ne l'arrangea pas. Comme il est beaucoup de chenilles et de larves qui travaillent dans la terre, on lui apporta de la terre. Mais ce n'était pas cela. Pensant qu'au moment de faire un tissu, elle aimerait un tissu, on la posa sur la toile d'un bourrelet qui fermait une fenêtre. Cette toile, froide et grossière, ne lui plut point. D'ailleurs, le vent, le peu de vent qui passait, l'aurait cruellement gelée pendant tout l'hiver. Enfin, par une intuition féminine, on imagina, puisqu'elle allait faire de la soie, qu'elle aimerait le velours de soie qui tapisse la boîte de notre microscope.

Visiblement, c'était cela qu'elle aurait choisi. Installée le soir, au matin, elle avait adopté ce lieu si doux, si chaud, si abrité. Elle avait déjà filé, déjà tendu à la hâte ses fils à droite et à gauche avec précipitation, comme craignant d'être dérangée. Puis, dans le jour, son travail ayant été respecté, elle vit qu'elle avait mal pris ses mesures, que la coque était trop courte; elle en détruisit un tiers pour reprendre l'œuvre de loin sur de meilleures proportions.

Donc, voilà le microscope, le scalpel, nos instruments expulsés. Que ferons-nous? Cet animal confiant s'était établi à notre foyer et ne s'en retirera pas. La vie a chassé la science. Sévère étude, attendez, soyez ajournée pour un temps. Nous respecterons dans l'hiver le sommeil de la chrysalide.

ÉCLAIRCISSEMENTS

ÉCLAIRCISSEMENTS.

Note 1. *Le sens de ce livre.* — Il est tout sorti du cœur. On n'a rien donné à l'esprit, *rien aux systèmes*. On s'est abstenu d'entrer dans les disputes scientifiques.

Si la formule suivante vous semblait trop systématique, passez outre. On n'y a cherché rien de dogmatique. On aurait voulu seulement simplifier le point de vue, mettre le lecteur à même d'embrasser l'ensemble du livre.

Le point de départ est violent. C'est la guerre immense et nécessaire que fait l'insecte à toute vie morbide ou encombrante qui serait un obstacle à la vie. Guerre terrible, travail d'enfer, qui fait le salut du monde.

Ce puissant accélérateur du passage universel doit détruire comme le feu. Mais pour qu'il ait l'âpreté d'action qu'exige un tel rôle, il faut que son passage à lui-même soit accéléré, sa vie resserrée, que de l'amour à la mort, et de la mort à l'amour, il tourne en un cercle brûlant. Quelque bref que soit ce cercle, il ne l'accomplit qu'au prix de métamorphoses pénibles qui semblent une série de morts successives.

Chez la plupart des insectes, l'hymen c'est la mort du père ; la maternité, pour la mère, c'est la mort prochaine. Ainsi les générations passent, et ne se connaissent pas. La mère aime et prévoit sa fille ; elle s'immole souvent pour elle, mais ne la verra jamais.

Cette contradiction cruelle, ce dur refus opposé par la nature aux plus touchants vœux de l'amour, l'enflamme et l'irrite, ce semble. Il donne tout sans réserve, sachant que c'est pour mourir. Il tire de lui deux puissances : d'une part, des *langues* inouïes *de couleur et de lumière*, fantasmagories ravissantes, où l'amour ne se traduit plus, mais se découvre sans voile, en rayons, en phares, en fanaux, en brûlantes étincelles. C'est l'appel au présent rapide, l'éclair, la foudre du bonheur. Mais l'amour de l'avenir, la tendresse prévoyante pour ce qui n'est pas encore, s'exprime d'une autre manière, par la création étonnammentcompliquée et ingénieuse *d'un ustensilage immense* (où tous nos arts mécaniques ont leurs plus parfaits modèles). Ce grand appareil d'outils, le plus souvent, ne sert qu'un jour ; il leur permet, au moment où ils délaissent l'orphelin, d'improviser le berceau qui continuera la mère, perpétuera l'incubation quand la mère ne sera plus.

Mais quoi! Faut-il qu'elle meure? Et l'impitoyable loi n'aura-t-elle pas d'exception ? Dans les climats chauds, surtout, bien des mères peuvent survivre. Si ces mères se réunissaient, si elles trompaient la destinée en associant ces vies courtes dans une vie commune et durable où nos enfants trouveraient une mère éternelle?

Comment éluder la mort !... Créons la société.

La société des mères. L'insecte est essentiellement une femelle et une mère. Le mâle est une exception, un accident secondaire, souvent même un avorton, une caricature d'insecte.

Le rêve de la femelle, qui est la maternité et le salut de l'enfant, la conservation de l'avenir, lui fait créer la Cité, qui fait son salut à elle-même.

Cette société ne se perpétue qu'en assurant son existence pour la saison stérile. Donc, nécessité d'amasser. Donc, travail, économie, épargne, sobriété.

Mais la nature, éludée par l'effort et le travail j'allais dire par la vertu), ne perd pas ses droits.

Vaincue d'un côté, elle rentre par l'autre dans la cité et y pèse terriblement. Cette société protectrice, dérobant des multitudes immenses à la mort, prolongeant la vie commune, multiplie ainsi les bouches à nourrir, et se trouve très-chargée. Pour ne pas mourir de faim, il faut vivre de très-peu, il faut ne garder que très-peu de femelles fécondes, condamner la majorité, la presque totalité des femelles au célibat. Élevées pour la virginité et pour le travail, stérilisées dès le berceau dans leurs puissances maternelles, elles ne le sont pas pour l'esprit. L'extinction de certaines facultés semble profiter à d'autres.

Telle est l'institution, ingénieusement sévère, des tantes ou mères d'adoption. Trop peu de sexe pour désirer l'amour, assez pour vouloir des enfants, pour les aimer, les adopter. Moins que mères, et plus que mères. Dans la ruche et la fourmilière, s'il y a invasion ou ruine, les vraies mères se sauvent seules : les tantes, les sœurs se dévouent, ne songent qu'à sauver les enfants.

Élevé par la maternité fictive et l'amour désintéressé au-dessus de lui-même, l'insecte dépasse tous les êtres, même ceux qui par l'organisation sont évidemment supérieurs, comme les mammifères. Il nous apprend que l'organisme n'est pas tout, et que la vie a quelque chose en elle encore qui agit fort au delà et en dépit des organes. Ceux qui, comme la fourmi, n'ont pas d'instruments spéciaux qui leur facilitent le travail, sont justement les plus avancés.

La plus haute œuvre du globe, le but le plus élevé où tendent ses habitants, c'est sans contredit la cité. J'entends une société fortement solidaire. Le seul être, au-dessous de l'homme, qui semble atteindre ce but, est sans contredit l'insecte.

Nul des autres n'y atteint. Le plus charmant, le plus sublime, l'oiseau, est par cela même le plus individuel. Sa société, c'est la famille ; sa cité, le nid ; ses associations ne sont guère que des rapprochements de nids dans une vue de sécurité. Les mammifères si près de nous, si touchants pour nous, en leur société la plus avancée, celle des castors, combinent le travail à merveille ; mais, hors du travail, ils vivent par maisons et par familles, isolés par la tendresse même de leurs affections domestiques. Ces réunions des castors sont des villages de constructeurs, d'ingénieurs, où chacun vit à part chez soi ; mais ils ne sont pas citoyens, et ce n'est pas une cité.

La cité n'est que chez l'insecte. Séparé de l'homme à plusieurs degrés, si l'on regarde l'organisme, il le touche de plus près que nul être, si l'on considère son œuvre, l'œuvre suprême de la vie, qui est de

vivre à plusieurs. Il n'a pas les signes touchants de
la proche parenté qui nous rendent si intéressants
les hauts animaux ; il n'a pas le sang ; il n'a pas le
lait. Mais je le reconnais parent à un plus haut attribut : il a le sens social.

Une ignorance dogmatique avait professé longtemps que la perfection même de ces sociétés d'insectes tenait à leur automatisme. Mais l'observation
moderne a constaté qu'en variant les circonstances,
en leur opposant des obstacles, des difficultés imprévues, ils y font face avec la vigueur et le sens
froid, les ressources du libre *ingegno*.

C'est un monde *régulier*, mais qui se prouve *libre*
au besoin.

Un monde qui, tout à l'heure, dans sa mission
originaire de combat, de destruction, nous semblait
une force atrocement fatale ; et qui devient, par l'effet du cœur maternel, un monde d'harmonie sociale, hautement moralisateur.

La *maternité?* est-ce tout ? Non, la vie commune
introduit l'insecte au seuil d'un ordre plus haut
encore de sentiments. Même chez ceux qui sont isolés, chez les nécrophes, par exemple, et les scarabées pilulaires, la coopération *fraternelle* commence. Ils se rendent des services, vont au secours
les uns des autres, s'aident pour certains travaux.
La chose va bien plus loin chez les insectes socia-

bles; les abeilles se nourrissent l'une l'autre de la bouche à la bouche, et se privent pour leurs sœurs. Un observateur très-sûr et nullement romanesque, Latreille, a vu une fourmi panser une fourmi amputée d'une antenne, en versant sur sa blessure la miellée qui devait la fermer, l'isoler de l'air.

Que nous voilà loin du point de départ, où l'insecte nous apparut comme un pur élément vorace, une machine d'absorption!

Grande, sublime métamorphose, plus merveilleuse que celle des mues et des transformations qui menèrent l'œuf, la chenille, la nymphe, à prendre des ailes.

C'est un monde étranger à l'homme, et sans langue commune avec lui, mais singulièrement parallèle au nôtre. Nous n'inventons presque rien qui n'ait été préalablement, et longtemps à notre insu, créé chez les insectes.

Les grands animaux, qu'ont-ils trouvé? Rien. Il semble que la chaleur de vie, le sang rouge qui est en eux, offusque leur lumière mentale.

Au contraire, le monde insecte, libre du lourd appareil des chairs et de l'ivresse sanguine, plus finement aiguisé, et mû d'une électricité nerveuse, semble un monde effrayant d'esprits.

Effrayant! Non. Si la terreur fut à l'entrée de la science, la sécurité est au fond. L'énergie vivante des imperceptibles put faire peur au premier regard. On s'épouvanta de voir chez l'atome des semblants, des lueurs de personnalité, je ne sais quoi qui parut une contrefaçon de l'homme.

Ces lueurs, qui troublèrent tant le grand Swammerdam et qui le firent reculer, sont précisément ce qui m'encourage. Oui, tout vit, tout sent et tout aime. Merveille vraiment religieuse. Dans l'infini matériel qui s'approfondit sous mes yeux, je vois, pour me rassurer, un infini moral. La personnalité, jusqu'ici réclamée comme monopole par l'orgueil des espèces élues, je la vois généreusement étendue à tous et donnée aux moindres. Le gouffre de vie m'eût semblé désert, désolé, stérile et sans dieu, si je n'y retrouvais partout la chaleur et la tendresse de l'Amour universel dans l'universalité de l'âme.

Note 2. *Nos sources.* — Dans un livre qui n'a aucune prétention scientifique, livre d'ignorant dédié aux ignorants, nous ne ferons aucune difficulté d'avouer que notre méthode d'études fut fort indirecte. Si nous avions commencé par les subtiles classificateurs ou les minutieux anatomistes, ou par de secs manuels d'enseignement, peut-être

nous nous serions arrêté au premier pas. Mais
nous avons goûté à cette science par le côté at-
trayant des grands historiens de l'insecte, qui ont
réuni la peinture des mœurs à la description des
organes. Un coup fort et décisif nous avait été porté
à l'esprit (si l'on peut parler ainsi) par les livres des
deux Huber sur les abeilles et les fourmis. Impression telle que dès lors nous lûmes avec intérêt
ce qu'on ne lit guère de suite, les six volumes in-4°
des *Mémoires* de Réaumur. Livre immortel, qui est
toujours d'une autorité capitale. Ni la réaction dédaigneuse de Buffon, ni les travaux anatomiques
d'une précision supérieure sur quelques points,
qu'on a faits depuis, ne doivent le faire oublier.
Réaumur fut comme le centre de notre étude, et
de lui tantôt nous remontâmes aux maîtres illustres
du XVIIᵉ siècle, Swammerdam et Malpighi; tantôt
nous descendîmes à ceux du XVIIIᵉ, les Lyonnet, les
Bonnet, les de Geer; enfin à nos modernes, Latreille, Duméril, Lepelletier, Blanchard, à l'école
hardie et féconde des Geoffroy Saint-Hilaire, Au-
duoin, glorieusement appuyés d'Ampère et de
Gœthe. En profitant des beaux ouvrages qui résu-
ment la science, comme celui de Lacordaire, nous
ne négligeâmes nullement les monographies admirables qu'a données le siècle, celles de Léon Dufour
(dispersées dans les *Annales des sciences naturelles* et

autres collections), le grand ouvrage de Walckenaër sur les araignées, le colossal travail de Strauss
sur le *hanneton*, monument de premier ordre qu'on
ne peut comparer qu'à la *chenille* de Lyonnet. Quant
aux détails tirés des voyageurs, nous aurons quelques occasions de les citer sur la route. Nous y re-
connaîtrons aussi ce que nous devons aux étrangers,
Kirby, Smeathman, Lund, etc. Pour l'anatomie de
l'insecte, comme pour l'anatomie générale, on ne
peut trop recommander les spécimens admirables,
et si utilement grossis, qu'a confectionnés notre
excellent maître et imitateur, le docteur Auzoux.

No e3, chap. III, page 24. *Sur les insectes embryonnaires, animalcules invisibles, infusoires prédécesseurs ou préparateurs de l'insecte,* etc. — Le travail des vermets, en Sicile, a été observé par M. de
Quatrefages. — Quant aux fossiles microscopiques,
infusoires, etc., leur grand coup de théâtre a été la
découverte d'Ehrenberg. Voy. ses Mémoires dans
les *Annales des sciences naturelles*, 2ᵉ série, t. I, II,
VI, VII, VIII. Au t. I, p. 134, année 1834, il spéci-
fie le point où Cuvier laissa la science, et ce que
sa découverte y a ajouté.

Sur le monde vivant, sur les procédés qu'il suit
encore aujourd'hui pour se créer de petits mondes,

sur ces humbles constructeurs qui font de si grandes choses, nous devons tout aux navigateurs anglais, aux Nelson, aux Darwin, etc. Ce sont ces observateurs minutieux et très-exacts, timides ordinairement dans leurs assertions, qui ont été les plus hardis, ayant vu le mystère même, et pris la nature sur le fait. Lire Darwin (résumé avec génie par Lyell) pour cette prodigieuse manufacture de craie, disputée alternativement par les poissons et les polypes, qui en construisent des îles, et bientôt des continents.

L'Angleterre, ce polype immense dont les bras enserrent la planète, et qui la palpe incessamment, pouvait seule la bien observer dans ses solitudes lointaines, où elle continue à l'aise son éternel enfantement. Ses grandes théories sur les crises, les époques, les révolutions de la terre, en perdront peut-être quelque peu de leur importance. Nous savons maintenant que tout est crise et constante révolution.

S'aperçoit-on en Europe qu'une littérature tout entière est sortie de la Grande-Bretagne depuis vingt années? Je la qualifie une immense *enquête sur le globe*, par les Anglais. Eux seuls pouvaient la faire. Pourquoi? Les autres nations *voyagent*, mais les seuls Anglais *séjournent*. Ils recommencent tous les jours sur tous les points de la terre l'étude de

Robinson, et cela par une foule d'observateurs isolés, menés là par leurs affaires, et d'autant moins
systématiques.

Note 4, chap. IV, page 43. (*L'amour et la mort.*)
Sur cet appareil des femelles. — Réaumur et tous les
auteurs avaient admiré que des armes de guerre
devinssent des outils d'amour maternel. M. Lacase,
dans une fort belle thèse, toute d'observations, et
qui continue les travaux analogues d'un maître éminent, Léon Dufour, a traité ce sujet avec une grande
précision anatomique. Un point original et capital
sans doute de ce travail, c'est de montrer, confor-
mément aux vues de Geoffroy Saint-Hilaire, Serres,
Audouin, etc., « que ces armures si variées qui
prolongent l'abdomen impliquent la modification,
ou même le sacrifice d'un ou deux de ces derniers
anneaux. » Qu'ainsi la nature semble opérer comme
sur une quantité déterminée de substance, n'augmentant une partie qu'aux dépens des autres, qui
sont abrégées ou transportées.

Note 5, page 60, chap. V. *La frileuse.* — « Mais,
dira-t-on, que de travail ! Quelle terrible loi d'efforts continuels imposés à des êtres jeunes, fort mal

ustensilés encore, qui n'ont pas acquis l'arsenal superbe d'outils qu'on admire plus tard dans l'insecte! Voilà des moyens bien longs de les garantir. S'ils naissaient moins mous, un peu fermes, un peu moins impressionnables, cela serait plus tôt fait. »

Oui, mais ils seraient justement impropres à la chose essentielle qui assure leur développement. La nature les veut mous, très-mous, pour se prêter plus aisément aux mues, aux changements pénibles qu'ils doivent subir, lesquelles mues, s'ils devenaient durs, seraient d'affreux déchirements. Ils sentent cela d'instinct, et craignent extrêmement de durcir. Les chenilles processionnaires, par exemple, quoique vêtues et velues, se gardent du soleil sous d'amples rideaux. Et elles ont encore l'attention de ne sortir que le soir, quand l'air humide et plein de brume ne peut que leur conserver une salutaire humidité.

Note 6, pages 80, 85, chap. VII. *L'apparition de l'insecte parfait.* — L'anatomie de l'insecte a été l'une des plus grandes disputes de notre âge. Quelqu'un ayant visité Gœthe, peu après la révolution de Juillet : « Eh! bien, dit l'illustre vieillard, la question est donc tranchée? » Et comme le voya-

geur paraissait comprendre la question politique :
« Oh! c'est bien plus que cela! dit Gœthe. Il s'agit
du grand duel de Cuvier et de Geoffroy. »—Le monde
se partagea. Strauss et d'autres restèrent fidèles à
Cuvier. Le grand physicien Ampère, dans un ar-
ticle anonyme inséré au tome Ier des *Annales des
sciences naturelles*, adopta les idées de Geoffroy,
Audouin et Serres, et même les exprima avec une
juvénile audace, que ces anatomistes, dans leur mo-
destie, n'avaient pas montrée.

Tout le détail compliqué du procès avait été
extrait et préparé pour ce livre avec une patience,
un amour persévérant, tels qu'en donne une religion tendre et vraie de la nature. Il me faut (barbare que je suis) sacrifier ce grand travail qui
peut-être serait peu goûté du public auquel je m'a-
dresse.

La place que l'insecte occupe entre ces êtres, est
très-bien déterminée dans cet excellent résumé de
Lacordaire : « Égal aux vertébrés par l'énergie de la
fibre musculaire, à peine au-dessous d'eux pour
l'organisation du canal digestif, supérieur même à
l'oiseau par la quantité de sa respiration, il tombe
au-dessous des mollusques par l'imperfection de son
système circulatoire. Son système nerveux présente
moins de concentration que celui de beaucoup de
crustacés. » (Lacordaire, tome II, p. 2.)

L'insecte a-t-il un cerveau? La chose est controversée. L'appareil nerveux qui, chez les mollusques, n'a pas trouvé de centre encore, tend, il est vrai, chez l'insecte, à la centralisation. Deux cordons longitudinaux de nerfs, qui suivent tout le corps, aboutissent aux nerfs de la tête, qui ne sont pas massés, comme chez l'animal supérieur. Dans la guêpe, nous avons trouvé une forte masse blanchâtre, fort analogue au cerveau. Mais ceci paraît une exception. Chez des insectes étonnants par l'intelligence, vous ne trouverez à la tête que de simples ganglions nerveux, nullement différents de ceux qui composent les deux cordons.

Cette infériorité d'organisation n'en rend que plus surprenante la supériorité d'art et de sociabilité que l'insecte a sur tous les êtres, même sur les premiers mammifères (un seul excepté). Ici plus haut, là plus bas, au total, il est un milieu, et comme un médiateur énergique de vie et de mort, dans l'échelle des existences.

Note 7, page 91, chap. VIII. *Swammerdam.*—Nous donnons l'inaugurateur et le martyr de la science, le créateur de l'instrument qui a permis de suivre ses découvertes, grand inventeur en plusieurs sens, spécialement pour la préparation des pièces anatomiques. Il faut lire sa *Biblia nnturæ*, dans l'édition de Boerhaave, ornée de six belles planches (2 vol. in-folio), et non dans l'extrait incomplet qu'on en a fait en français (Mémoires publiés par l'Académie de Dijon). On n'y donne que les résultats scientifiques, mais l'homme y a disparu. — Nous n'entreprenons pas de faire l'histoire de l'entomologie. On en trouvera un bon abrégé à la fin de l'*Introd. à l'Entom.* de M. Th. Lacordaire.

Note 8, page 141, chap. XI. *Insectes auxiliaires de l'homme.* — L'ingénieux ouvrage que je réfute ici et qu'on lira certainement avec plaisir est intitulé : *Les insectes ou réflexions d'un amateur de la chasse aux petits oiseaux*, par E. Gand, *lecture faite à l'Académie d'Amiens* (26 décembre 1856).

Ce que je dis un peu plus loin sur la nécessité d'un enseignement populaire de l'histoire naturelle mériterait bien d'être entendu. La richesse et la moralité du monde doubleraient si cet enseignement pouvait être universel. L'important ouvrage de M. Émile Blanchard, *Zoologie agricole* (in-folio, 1854), donne l'histoire si utile des principaux insectes nuisibles à nos plantes usuelles ou d'ornement. Le savant M. Pouchet, dans son excellent mémoire sur le hanneton, indique les principaux auteurs qui ont décrit les insectes nuisibles. — Le Congrès des États-Unis vient de conférer à M. Harris la mission de faire l'histoire de ces insectes.

Note 9, chap. xii. *Couleurs et lumières.* — Ce que je dis ici des climats tropicaux est tiré d'un grand nombre de voyageurs, Humboldt, Azara, Auguste, Saint-Hilaire, Castelneau, Wedell, Watterton, etc. Pour le Brésil et la Guyane surtout, nous devons beaucoup à l'obligeance extrême de M. Ferdinand Denis, qui a une connaissance si parfaite de ces contrées. — Paris possède plusieurs belles collections d'insectes, outre celle du Muséum. L'une des plus connues est celle de M. le docteur Bois-Duval (lépidoptères). Il existe pour la vente des insectes une maison toute spéciale (rue des Saints-Pères, 17). La collection magnifique dont je parle à la page 156, est celle de M. Douë, qui voulut bien nous la montrer et l'interpréter avec une complaisance infinie. — Le fait qui termine le chapitre xii (*la parure des flammes vivantes*) est rapporté, pour les femmes de Santa-Crux en Bolivie, par le très-exact docteur Wedell, t. IV, p. 12 (à la suite de Castelneau). — Le dicton indien : : « Remets-la où tu l'as prise, » est relaté par Watterton.

Note 10, chap. xv. *Rénovation de nos arts par l'é-
tude de l'insecte.* — Qui ne voit que depuis longtemps l'ornement ne trouve plus, qu'il tourne incessamment sur lui-même? Quand un motif a dix
années, on le reprend rajeuni par quelques variations. Dans une vie d'un demi-siècle, j'ai déjà vu
plusieurs fois ce roulement de la mode qui paraî-
trait fort monotone, si nous n'avions à un si haut
degré le don d'oublier. — L'ornement, au lieu
de rechercher sa rénovation dans les vieilleries,
gagnera à s'inspirer d'une infinité de beautés ré-
pandues dans la nature. Elles abondent et surabondent : 1° dans les formes si accentuées des végétaux des tropiques. Les nôtres n'ont guère leur
effet que par masses, en grand; 2° dans celles
d'un grand nombre d'animaux inférieurs, rayon-
nés, etc., de beaucoup de petits mollusques flottants, fleurs vivantes, imperceptibles, mais dont
la figure grossie peut donner des motifs très-ori-
ginaux; 3° dans certaines parties d'êtres les plus
dédaignés, spécialement dans les yeux des mouches; 4° dans les formes, dessins et couleurs qu'on
surprend dans l'épaisseur des tissus vivants, par
exemple en levant avec le scalpel les couches
qu'offre l'élytre des scarabées. La nature, qui a
tant paré la surface, a mis peut-être encore plus
la beauté en profondeur. Rien de plus beau que

les fluides vivants, vus dans la mobilité de leur circulation et dans les canaux délicats où elle s'accomplit et se précise. De là l'attraction qu'exercent sur nous les dessins charmants, singuliers, qu'on voit sur beaucoup d'insectes (et qui sont ces canaux mêmes). Ils nous parlent, nous saisissent moins encore par l'éclat des feuillets étincelants entre lesquels ils circulent, que par leurs formes expressives où nous devinons le mystère de vie. — Ce sont leurs énergies visibles.

Note 11, chap. XVI et XVII. *L'araignée.* — Ces deux chapitres sont sortis en majeure partie de nos propres observations. Cependant nous avons profité de plusieurs ouvrages, surtout de l'ouvrage capital et classique, le grand travail de Walckenaër, important et pour la description, et pour la classification, et pour l'histoire des mœurs. — Azara nous apprend qu'au Paraguay, on file le cocon d'une grosse araignée orangée d'un pouce de diamètre. Staunton (*Voyage à Java, ambass. à la Chine,* t. I, p. 343) nous apprend que des épéires d'Asie font des toiles si fortes, qu'on ne peut les couper qu'avec un instrument tranchant ; aux Bermudes, leurs toiles sont capables d'arrêter un oiseau gros

comme une grive (Richard Stafford, *Coll. acad.*, t. II,
p. 156). — M. le docteur Lemercier, notre savant bibliographe, m'a prêté (de sa collection personnelle)
une brochure rare et fort ingénieuse de Quatremère sur la sensibilité hygrométrique des araignées, sur leur prescience des variations de la
température, dont nous pourrions si utilement profiter, et sur l'habile orientation de leurs toiles. —
La formation de leurs belles toiles d'automne, si
poétiques, qu'on appelle les fils de la Vierge,
est fort bien expliquée par Des Étang, *Mémoires
de la Société agricole de Troyes*, 1839. — Sur le
plus terrible ennemi de l'araignée, l'ichneumon,
on trouve les détails curieux au tome IV des *Mémoires de la Société américaine*. Pour la garder à
ses petits, il ne la tue pas. Il l'éthérise, si l'on peut
parler ainsi, en la piquant et lui distillant un venin
qui semble la paralyser. — Ce que j'ai dit de la
terreur du mâle dans ses approches amoureuses,
se trouve particulièrement dans De Geer, et dans
Lepelletier, *Nouveau Bulletin de la Société philomathique*, 67ᵉ cahier, p. 257. — Enfin, le chef-
d'œuvre de l'araignée, la maison et la porte ingénieuse de la mygale pionnière de Corse, a été
parfaitement décrit et dessiné par un observateur
qui peut donner toute confiance. Audouin, suivi
par Walckenaër, etc.

Note 12, chap. XVII. *Les termites.* — Les belles planches de Smeathman mériteraient d'être reproduites, et la traduction de son livre (1784), rare aujourd'hui, devrait être réimprimée. On pourrait y ajouter les détails intéressants que donnent de plus Azara, Auguste Saint-Hilaire, Castelneau et autres, de manière à en faire une monographie complète.— Il n'est nullement indifférent de voir que le grand et vrai principe de l'art, méconnu si longtemps du moyen âge, a été toujours suivi à la lettre par des êtres si peu élevés, dans leur étonnante construction. —Ce que j'ai dit de Valencia, minée en dessous par les termites, se trouve dans M. de Humboldt, *Régions équinoxiales.* — Quant à la Rochelle, lire l'intéressant chapitre de M. de Quatrefages, dans ses *Souvenirs d'un naturaliste.*

Note 13, chap. XIX. *Les fourmis.* — Les migrations des fourmis des tropiques, disent Azara et Lacordaire, durent parfois deux ou trois jours. On ne peut les comparer pour la continuité, le nombre effroyable, qu'aux nuages de pigeons qui, dans l'Amérique du Nord, obscurcissent le ciel plusieurs jours de suite (voy. Audubon, trad. de M. Bazin). Lund (*Ann. des sc. naturelles*, 1831, t. XXIII, p. 113) donne un curieux tableau de ces migrations de fourmis. Elles sont terriblement guerrières, et l'on s'amuse en Amérique à faire combattre en duel la *fourmi de visite* (Atta) avec la fourmi *Araraa*. Celle-ci, moins forte, prévaut par la force de son venin.

Quant à nos fourmis d'Europe, mon beau-frère, M. Hippolyte Mialaret, me transmet un fait curieux, qui, je crois, n'a pas été observé. Il leur donnait pêle-mêle des grains de diverses espèces, froment, orge, seigle, qu'elles employaient dans leurs constructions. Ayant ouvert la fourmilière, il trouva les grains classés soigneusement et distribués à différents étages, le froment par exemple au second, l'orge au troisième, etc., sans mêler jamais les espèces.

Une fort bonne dissertation italienne de M. Giuseppe Gené, qu'a bien voulu me donner le docteur Valerio, de Turin, ferait croire qu'Huber, si exact, s'est trompé en disant que la mère fourmi peut fonder seule une cité. Après sa fécondation, elle va seule tomber dans quelque coin où elle s'arrache les ailes, et attend. Là, des fourmis rôdeuses la trouvent, la palpent, la reconnaissent, elle et ses œufs semés à terre, avec beaucoup de prudence, même de défiance visible. Elles explorent ensuite les lieux d'alentour avec une circonspection infinie, revenant toujours à la mère, et tardant à se décider. Enfin, leur nombre croissant, elles l'adoptent définitivement et se mettent au travail.

La persévérance indomptable des fourmis est célébrée dans une belle légende orientale de je ne sais quel prince d'Asie, Tamerlan, je crois. Battu, repoussé plusieurs fois dans une guerre, et presque désespéré, il était au fond de sa tente. Une fourmi montait aux parois. Il la fit tomber plusieurs fois; toujours elle remonta. Il fut curieux de voir jusqu'où elle s'obstinerait, et la fit tomber quatre-vingts fois sans pouvoir la décourager. Lui-même était las, et d'ailleurs plein d'admiration. La fourmi vainquit. Il se dit : « Imitons-la. Nous aussi nous vaincrons de même. » Sans la fourmi, le conquérant eût manqué l'empire de l'Asie.

Note 14, chap. xx. *Troupeaux des fourmis.* — Presque toutes les plantes nourrissent des pucerons. Ils ont les couleurs les plus variées, souvent les plus éclatantes. Celui du rosier, vu au microscope, me parut d'un vert clair, fort agréable. Jeté sur le dos, il étalait un ventre très-gros, une très-petite tête informe qui ne semble qu'un suçoir, et remuait toutes ses pattes qu'on eût dit plutôt de longs bras d'enfants. Au total, un être innocent,

et qui n'inspire aucune répugnance. On comprend
que les fourmis prennent la miellée sur son corps.
(Voir Bonnet, etc., sur leur fécondation prodigieuse.)

Note 15, chap. XXII. *Les guêpes.* — Avant de parler de cette espèce terrible, où se voit peut-être
la plus haute énergie de la nature, j'aurais dû
parler de ses humbles voisins, les pacifiques bourdons. Réaumur, qu'on ne connaît pas assez comme
écrivain, et qui a souvent de la grâce, dit fort
joliment que ces pauvres bourdons, en petites sociétés grossières, si on les compare aux royales
cités des guêpes et des abeilles, sont des rusti-
ques, des sauvages, et leurs nids des hameaux,
mais qu'on peut prendre plaisir, même après
avoir visité de grandes capitales, à se reposer les
yeux en voyant de simples villages et des villa-
geois (Réaumur, *Mém.*, t. VI, p. III de la préface,
et 4 du texte). Les bourdons, dans leur simplicité,
ne sont pas sans industrie ; ils ont des mœurs et
des vertus. Les pauvres mâles, si méprisés ailleurs,
s'emploient mieux ici dans une société où la haute
spécialité d'art, moins frappante dans les femelles,
les humilie moins ; ils sont à peu près égaux à leurs

dames, qui ne les massacrent point, comme font les guêpes et les abeilles des maris destitués.

Note 16, p. 330. *Les abeilles cirières. Une aristocratie d'artistes.* — Je suis ici principalement l'autorité de M. Debeauvoys (*Guide de l'apiculteur*, 1853). Dans ce petit livre si important, il a fait la distinction capitale qui avait échappé à Huber, séparé les grosses cirières architectes des petites moissonneuses et nourrices. Mais je lui demande la permission d'en croire plutôt M. Dujardin sur le caractère général des abeilles. Elles sont colériques sans doute, très-adustes de tempérament; les liqueurs et les parfums des fleurs les irritent et les obligent de se désaltérer souvent. Mais d'elles-mêmes, elles sont assez douces et peuvent s'humaniser. M. Dujardin, ayant renouvelé tous les jours les provisions d'une ruche pauvre, était fort bien reconnu des abeilles, qui volaient à lui et couraient sur ses mains sans le blesser. La destruction qu'elles font tous les ans des mâles leur est commune avec les guêpes et autres tribus nécessiteuses qui craignent la famine, à l'époque où les fleurs deviennent plus rares. En Amérique, on les regarde comme le signe de la civilisation. Les Indiens voient dans les abeilles les avant-coureurs de la race blanche, et dans le buffle celui de la race rouge. (Washington Irwing, *Voyage dans les prairies.*)

Les abeilles, tantes et sœurs, font penser à la Germania de Tacite : « La tante y est plus que la mère. » C'était comme un pays d'abeilles.

M. Pouchet, que j'ai déjà cité plusieurs fois, a bien voulu me transmettre un détail fort intéressant sur les abeilles maçonnes. « Dans l'Égypte et la Nubie, que je parcourais il y a quelques mois, ces hyménoptères et leurs constructions sont tellement abondants, que les plafonds de certains temples et ceux de quelques hypogées en sont totalement couverts, et qu'ils masquent absolument les sculptures et les hiéroglyphes. Ces nids forment souvent là plusieurs couches qui se recouvrent, et dans certains endroits, superposés les uns au-dessus des autres en nombre assez considérable, ils forment des espèces de stalactites qui pendent aux voûtes des monuments. L'abeille n'emploie pour leur construction que du limon du Nil, et quand elle y a déposé sa progéniture elle les bouche avec un opercule d'un travail délicat, que la jeune mouche, après avoir subi ses diverses métamorphoses, soulève pour s'envoler. Mais ces nids sont assez souvent brisés par une espèce de lézard qui, à l'aide de ses ongles infiniment acérés, court sur les plafonds. Là, il fait une guerre incessante aux abeilles maçonnes, tandis qu'elles construisent leurs nids, ou bien on le voit en défoncer les parois pour dévorer leur jeune progéniture. » (*Lettre de M. Pouchet*, 22 septembre 1857.)

Note 17, page 363. *Une intuition féminine.* — Une grande question de méthode qu'éclaircira l'avenir, c'est de savoir jusqu'à quel point les femmes entreront un jour dans les sciences de la vie, et comment l'étude de ces sciences se partagera entre les deux sexes. Si la sympathie pour les animaux, la longue et patiente douceur, la persévérante observation des objets les plus délicats, étaient les seules qualités que demandât cette étude, la femme semblerait devoir être le premier naturaliste. Mais les sciences de la vie ont un autre aspect plus sombre qui l'éloigne et l'effraye : c'est qu'elles sont en même temps les sciences de la mort.

Cependant, en ce siècle même, la découverte importante, capitale, pour la connaissance des insectes supérieurs, appartient à une demoiselle, la fille d'un savant naturaliste de la Suisse française, Mlle Jurine. Elle a trouvé que les ouvrières des abeilles qu'on croyait *neutres* (n'ayant ni l'un ni l'autre sexe), *étaient des femelles*, atrophiées par leurs berceaux plus étroits et leur nourriture inférieure. Or, comme ces ouvrières forment à peu près tout le peuple (moins cinq ou six élevées pour devenir mères, et quelques centaines de mâles), il en résulte que *la ruche de vingt ou trente mille abeilles est femelle.* La prédominance du sexe féminin, loi générale de la vie des insectes, a trouvé là sa plus haute confirmation. *Point de neutres,* ni dans les abeilles, ni dans les fourmis, ni dans toutes les tribus supérieures des insectes. Les mâles sont une petite exception, un accident secondaire. J'ai cru pouvoir dire : Au total, l'*insecte est femelle.* — La découverte de Mlle Jurine nous a révélé aussi le vrai caractère de la maternité d'adoption, admirable originalité de ces insectes, la haute loi de désintéressement et de sacrifice qui est la dignité de leurs cités.

Un mérite inférieur sans doute à celui des grandes découvertes, mais très-haut encore, est celui de nous représenter les êtres par le style ou par le pinceau dans la vérité de leurs formes, de leurs mouvements, et dans l'harmonie générale des choses auxquelles ils sont associés. Nul art ne semble devoir appartenir plus naturellement aux femmes. Une femme l'a commencé.

On a justement admiré l'illustre Audubon pour avoir représenté l'oiseau dans ses harmonies complètes, dans son milieu végétal, animal sur les plantes qui le nourrissent, près de l'ennemi qui lui fait la guerre. Mais on a trop oublié que le modèle de ces peintures harmoniques qui font si bien sentir la vie, a été l'ouvrage d'une femme, Sibylle de Mérian. Son beau livre (*Métamorphose des insectes de Surinam*), in-folio, en trois langues, 1705) est le premier où cette méthode admirable ait été inventée et appliquée avec talent.

On l'appelle *mademoiselle*, quoiqu'elle ait été mariée. Le nom de *dame* était encore réservée aux femmes nobles. Et elle reste *demoiselle ;* on ne la cite pas autrement que sous ce nom virginal. Ses livres de si grande science, de si grande persévérance donnent l'idée d'une personne hors du monde des passions, toute dans l'art et dans la nature.

J'en ai dit un mot, mais sans parler de sa vie. Originaire de Bâle, fille, sœur, mère de graveurs célèbres, et elle-même excellent peintre de fleurs sur velours, elle avait longtemps travaillé à Francfort et à Nuremberg. Elle avait eu de grands malheurs, son mari s'étant ruiné et séparé d'elle. Elle avait cherché un refuge dans une société mystique, analogue à celle qui avait jadis consolé Swammerdam. L'étincelle religieuse de la science nouvelle, *la théologie des insectes*, comme l'appelle un contemporain, vint la frapper là. Elle connut la grande idée de Swammerdam, l'unité de métamorphoses, et celle dont Malpighi avait étonné l'Europe dans son livre du *Ver à soie :* « Les insectes ont un cœur. »

Quoi! ils ont un cœur, comme nous ! Comme le nôtre, il bat et s'agite, au mouvement de leurs désirs, de leurs craintes, de leurs passions! Quelle idée touchante et propre à émouvoir une femme?... Mais cela est-il bien sûr ! Beaucoup l'ont nié longtemps. Il n'est plus permis d'en douter depuis qu'en 1824 la chose a été démontrée dans *le Hanneton* de M. Strauss.

Mme de Mérian partit donc du ver à soie. Mais sa curiosité, son avidité d'artiste s'étendit à tout. De son Allemagne, morne et terne, la Hollande, avec ses riches collections américaines, orientales, lui apparaissait comme le grand musée des tropiques. Elle alla s'y établir et s'appropria ces collections par le pinceau. Ces féeriques nécropoles, parées de la beauté des morts, ne firent qu'aiguiser en elle le désir d'observer la vie au pays où elle triomphe. A l'âge de cinquante-quatre ans, elle partit pour la Guyane, et, dans un séjour de deux ans sous ce dangereux climat, elle recueillit les dessins, les peintures qui devaient inaugurer l'art dans l'histoire naturelle.

L'écueil, en ce genre d'ouvrage, pour l'artiste qui n'est qu'artiste, c'est de faire trop bien, de faire la

nature coquette, d'ajouter au beau le joli, les grâces
et les mignardises qui feront qu'un livre de science
trouve grâce devant les belles dames. Rien de tout
cela dans l'ouvrage de Sibylle de Mérian. Partout
une noble vigueur, une simplicité forte, une gravité
virile. En même temps, à bien regarder, surtout
dans les exemplaires qu'elle a coloriés elle-même,
la douceur, la largeur et le gras des plantes, leur
fraîcheur lustrée, veloutée, les tons ou mats ou
émaillés et quasi fleuris qu'offrent les insectes, font
sentir une main de femme, consciencieuse, tendre,
qui n'a touché à tout cela qu'avec un respect plein
d'amour.

Nous avons vu (page 162), au chapitre des *Mouches
de feu*, les étonnements de la timide Allemande dans
un monde si nouveau, quand les sauvages apportaient ses matériaux vivants, herbes vénéneuses,
lézards et serpents, insectes bizarres. Mais l'étrangeté même de cette nature, les émotions du peintre
tremblant devant ses modèles, l'inquiète attention
qu'elle mettait à en saisir la physionomie chan-
geante et les allures mystérieuses, en troublant fortement son cœur, éveillèrent son génie. Insatiable,
jamais satisfaite dans ses représentations des réali-
tés fugitives, elle ne crut faire connaître chaque
insecte qu'en le peignant sous toutes ses formes
(chenille, nymphe et papillon). Puis, cela ne lui

suffisant pas encore, elle mit dessous le végétal qu'il mange, et, à côté, le lézard, le serpent, l'araignée qui le mangera. Ainsi la mutualité, l'échange de la nature apparaît ; on touche au doigt sa circulation redoutable, si rapide en ces climats. Chacune de ces belles planches, si harmoniques et si complètes, n'instruit pas seulement par des détails vrais, mais par l'ensemble elle donne un sentiment profond de la vie, ce qui est une bien autre et plus forte instruction.

Une chose cependant me frappe, que du reste cet amour explique. Elle a peint l'un près de l'autre ces êtres qui vont se dévorer. Ils s'approchent, ils se regardent. Et vous pouvez en conclure l'imminence d'un affreux duel. Mais cette lutte dramatique, elle l'a cachée généralement. Elle a eu horreur de peindre la mort.

Combien plus lui eût-il coûté de pénétrer plus avant, d'ouvrir, d'éventrer ses modèles, et de forcer son pinceau féminin à la lugubre peinture du détail anatomique !

Telle est précisément la limite qui arrête les femmes dans l'étude des sciences naturelles. C'est qu'elles sont incapables d'en envisager les deux faces. Michel-Ange a beau nous dire : « La mort, la vie, c'est tout un. Ce sont pièces du même *maître* et de la même main. » Elles ne se résignent pas. Nul traité possible

entre elles et la mort. Cela se comprend très-bien :
elles sont la vie elle-même, dans tout son charme
fécond. Elles sont nées pour la donner. Ce qui
la rompt leur fait horreur. La mort, surtout la
douleur, leur sont non-seulement antipathiques,
mais presque incompréhensibles. Elles sentent
qu'il ne doit venir de la femme que bonheur et
joie. La douleur, infligée d'une main de femme,
leur paraît (et justement) une horrible contradiction.

Trois choses leur sont possibles dans les sciences
naturelles, les trois choses de la vie : l'*incubation* des
nouveaux êtres, je veux dire la tendresse des premiers soins ; *l'éducation, la nourriture* (pour parler
comme nos pères) des jeunes adultes ; *l'observation*
enfin des mœurs et la fine intelligence des moyens
de s'entendre avec tous. Par ces trois arts de la
femme, l'homme se conciliera et s'appropriera peu
à peu les espèces inférieures, même beaucoup
d'espèces d'insectes. A elles reviennent tout à fait
les arts de domestication. Si l'enfance n'était pas
cruelle, du moins durement insensible, elle parta-
gerait ces soins de la femme. Celle-ci, qui est un
enfant tendre et doux, plein de pitié, est le médiateur de la nature.

Mais quant à la mort, quant à la douleur, quant
aux lumières que la science en tire, n'en parlez pas

à la femme. Elle s'arrête ici, vous quitte sur la route, et ne veut pas aller plus loin.

Elle dit, et l'observation peut paraître en effet assez grave (même aux esprits les plus rassis), que la science, dans les derniers temps, a marché par deux voies contraires : d'une part, démontrant par l'étude des mœurs et par celle des organes que les animaux ne sont pas un monde à part, mais bien plus semblables à nous qu'on ne l'avait supposé ; puis, quand elle a bien établi qu'ils nous sont tellement semblables, donc très-capables de souffrir, elle veut que nous leur infligions les plus exquises souffrances, les plus cruellement prolongées.

La science, par ces côtés terribles, se ferme de plus en plus aux femmes. La nature, qui les invite à la pénétrer, les arrête en même temps justement par le sens trop tendre qu'elles en ont, par le respect de la vie qu'elle leur inspire elle-même.

De tous les êtres, les insectes semblaient les moins dignes d'être ménagés. On n'y cherchait que leurs couleurs. Cependant, quiconque n'y voit qu'un simple plaisir, y réfléchira longtemps en sachant que les insectes piqués vivent parfois dans ce supplice des années entières ! (V. Lemahoux, et spécialement l'excellent *Bulletin de la Société protectrice des animaux*, sept.-oct. 1856.)

A mesure que les femmes connaissent les instincts

maternels de ces êtres, leur tendresse infinie, leur ingénieuse prévoyance pour les objets de leur amour, combien devient impossible à des mères d'immoler ces mères et de les supplicier !

Le sentiment qui fit commencer les études dont ce livre devait sortir est aussi celui qui les a suspendues. Leur premier attrait se trouva dans la révélation d'Huber, dans cette vive apparition de la personnalité de l'insecte. Mais ce qui avait semblé paradoxal, incroyable, quand on le vérifie, se trouve inférieur à la réalité. La vue de tant de travaux, d'efforts pour le bien commun, le spectacle de ces vies méritantes impose à la conscience, et rend de plus en plus difficile de traiter comme une chose l'être qui veut, travaille et aime.

FIN.

TABLE DES MATIÈRES.

INTRODUCTION.

LIVRE PREMIER.

LA MÉTAMORPHOSE.

LIVRE DEUXIÈME.

DE LA MISSION ET DES ARTS DE L'INSECTE.

FIN DE LA TABLE DES MATIÈRES.

Imprimerie générale de Ch. Lahure, rue de Fleurus, 9, à Paris.

www.ingramcontent.com/pod-product-compliance
Lightning Source LLC
Chambersburg PA
CBHW052101230326
41599CB00054B/3564